国家出版基金项目
NATIONAL PUBLICATION FOUNDATION

總　主　編　趙超　行龍

執行總主編　駱玉安

本　卷　主編　余扶危

本卷執行主編　王雲紅

河南卷　二

黄河流域水利碑刻集成

上海交通大學出版社
SHANGHAI JIAO TONG UNIVERSITY PRESS

明（二）

禹廟記

北郡李夢陽撰

尉氏左國璣書

李子游于禹廟之臺，覽長河之阰防、孤城古宮、平沙四邊、瞍睠故流、北畫鴻石、九八遷洮、雲草浩浩，於是憮然而悲曰：嗟乎！予於是知王伯之功也。伯之功也，功愈久之思普者，禹之治水也，道導川為陸，易凱為寧，地以之而粒而耕生生，至禹者固其功也，所謂萬世永頼者也。然問之者弗知寧者弗知，故曰王之功，譬之天生物而物忘之。廬者忘其栖，民者忘其墊，人非忘之也，不知之也。不知自忘及其當也。於是智者則揩之所從來而廟者興矣，河盥津東也。數郡魚鼇於是民甫，詣廟稽首蹲曰：王在吾矣。役斯所謂思也，故不忘不大不思不深。輸築困苦則又各詣廟稽首蹲曰：王在吾矣，溺而防丁堰夫椿戶草門。深莫如地大莫如天，王之道也。伯者非王不功也，然能使人不忘而不疑，如秦穆賜食善馬肉酒是也。夫天下未聞有廟民者忘也，放曰予觀禹朝而知王伯之功也。或問易文不廟，李子曰：聖人孝。

101-1. 禹廟記（一）

立石年代：明嘉靖二年（1523 年）

原石尺寸：高 177 厘米，寬 80 厘米

石存地點：開封市古吹臺

禹廟記

北郡李夢陽撰，尉氏左國璣書。

李子游于禹廟之臺，覽長河之防，孤城古宮，平沙四漫，遐睇故流，北盡碣石，九派湮淤，雲草浩浩。於是愴然而悲曰：嗟乎！予於是知王伯之功也。伯之功驟，久之疑；王之功忘，久之思。昔者禹之治水也，導川爲陸，易凱爲寧，地以之平，天以之成。去巢就廬，而粒而耕，生生至今者，固其功也，所謂萬世永賴者也。然問之耕者弗知，粒者弗知，廬者弗知，寧者弗知，陸者弗知。故曰王之功忘。譬之天生物，而物忘之，泳者忘其川，栖者忘其枝，民者忘其聖。人非忘之也，不知之也，不知自忘。及其窗也，號呼而祈恤。於是智者則指之所從來，而廟者興矣。河盟津東也，蹙曠肆悍，勢猶建瓴，堤堰一決，數郡魚鱉，於是昏墊之民，匍匐詣廟，稽首號曰：王在吾奚溺。而防丁堰夫，樁户草門，輸築困苦，則又各詣廟，稽首號曰：王在吾奚役。斯所謂思也。故不忘不大，不思不深，深莫如地，大莫如天。王之道也。伯者非不功也，然能使人不忘，而不能使之不疑，何也？不忘者小，小則近，近則淺，淺則疑，如秦穆賜食善馬肉酒是也。夫天下未聞有廟□文者也。故曰予觀禹廟，而知王伯之功也。或問湯文不廟，李子曰：聖人各有□□，（接下石）

明（二）

271

堯仁舜孝禹之勤功義文王之忠唐公之才孔子之學是也夫功者功乎當者也大梁
以嚚故是故獨霸嚚是時監察御史澶州王子會按河南登臺四顧乃亦非
曰嗟乎子於是而知功之言徵也吾少也覽嘗蹐澶州城眺君勃南目失梁之墟乃今
陸三河攬佳四極共流而盡淘淘使非有神者王之桑而海者久矣尚能耘邪耕邪
臺邢能訛而不僁者陸邢嗟呼予於是而知功之言徵也所謂微禹吾其魚乎者
邢所謂美哉勤而不僁者邢於是餉所司葺其朝而屬李子碑焉王子名秦以嘉靖
乃壬春按河南明年秋代去乃李子則為迎送神辭三章傅祭者歌之侑神焉其辭
曰天門兮顯闢赫赤赤兮雲窈黃屋兮陸離靈總總兮上下卷若來兮儵下兒不
兒兮赤何望美人兮徒倚四海兮怒波

右迎神

兒誰執兮河伯兮顯翳兮飲陽兮來至風兮令令兮堂戶舞我兮酌我兮風九河兮我醑

右降神

兒既飽兮顏能兮人兮乃王兮歸日二暮兮尸何兮紲絃兮鏗鼓神不來

兒雲瞳瞳兮雨雨主駕鳳兮驂父魚龍異翼兮兩旗帳佳期兮難屢心有愛兮易

右送神

壽昙雲兮民芳酒芳君歸來兮比我民兮

嘉靖二十秊冬十有二月朔封府知府沈光大立石

101-2. 禹廟記（二）

立石年代：明嘉靖二年（1523 年）
原石尺寸：高 177 厘米，寬 80 厘米
石存地點：開封市古吹臺

堯仁舜孝，禹功湯義，文王之忠，周公之才，孔子之學，是也。夫功者，切乎藺者也。大梁以藺故，是故獨廟禹。是時監察御史、澶州王子會按河南，登臺四顧，乃亦愴然而悲曰：嗟乎！予於是而知功之言徵也。吾少也覽，嘗躡州城，眺滄渤南，目大梁之墟。乃今歷三河，攬淮泗，極洪流而盡滔滔，使非有神者主之，桑而海者久矣。尚能粒邪、耕邪、廬邪，能飢者寧邪、川者陸邪，嗟呼！予於是而知功之言徵也。所謂微禹，吾其魚乎者邪；所謂美哉，勤而不德者邪。於是飭所司葺其廟，而屬李子碑焉。王子名溱，以嘉靖元年春按河南，明年秋代去，乃李子則為迎送，神辭三章，俾祭者歌之侑神焉。其辭曰：

天門兮顯闛赫，赤赤兮雲□窈。黃屋兮陸離靈，總總兮上下。羌若來兮儵不見，不見兮奈何。望美人兮徒怨苦，橫四海兮怒波。右迎神。組紘兮鏜鼓，神不來兮誰怒。執河伯兮顯戮，飭陽侯兮清路。靈露靄兮來至，風泠泠兮堂尸。舞我兮我醑尸，既飽兮顏酡。惠我人兮乃土乃粒，日云暮兮尸奈何。右降神。風九河兮濤暮，雲曀曀兮昏雨。王駕鳳兮驂文，魚龍翼翼兮兩旗。悵佳期兮難屢，心有愛兮易離。愛君兮思君，肴芳兮酒芬。君歸來兮，庇我民兮。右送神。

宋璽鎸。
嘉靖二年冬十有二月開封府知府沈光大立石。

贈承德郎戶部主事范公封太安人阮氏合葬墓誌銘
賜進士翰林院修撰儒林郎　經筵講官同修　國史同邑張衍□撰
賜進士出身奉議大夫吏部稽勳清吏司郎中歷城劉天民書
賜同進士出身奉訓大夫戶部山東清吏司郎中真陽李經篆

贈戶部主事范公封太安人阮氏皆以其子之貴錫之也公之辛乃正德十年四月
初三日師曾始舉進士聞計訃奔葬逾年又宅祖母黃氏憂越有三祀制俱終始
赴銓省拜官戶部主事員外郎中前三載蹟用上考公暨阮給所得勑命封
與賜乃嘉靖二年十一月三十日太安人亦卒于京師曾將扶柩南歸合葬于祖塋
之次慨公銘永未備請同官王政陸配乾狀乞衍為銘以志夫公臥病十年侯其子
筮仕為汲人曾太父諱亨大父諱英俱隱弗仕至公始振勵警敏窂力于學
齋世為汲人曾太父諱亨大父諱英俱隱弗仕至公始振勵警敏窂力于學
充府庠廩膳生負性剛介有大志累試不偶始貢于鄉時正者不稱固避以避雖主
司不俞其請人頗義之辛業成均尋銓授真定府高邑縣丞幹理馬政孳孳有法駑
補固屬于民迄今稱便且才力優贍當道委牒任使事無巨細剖決如流人服其斷
弘治戊午西虜內侵
上使元戎禦之道出真定土門撫按屬以蒭粮公預戒而辰給之勿少留滯己未潭沱
河火繼以坊築嚴督時竣公勸相有道功先同服俱獲慰勞用奬其能九載秩滿例
應擬晉即家居不就數月偶感風濕弗克行步若有先見之明囊筍蕭然猶讓居於
既井末年視所出若自已出慈愛偏服無少秒聞家政惟一姑專性靜豪言笑幼閑姆訓
著弟晃太安人系出同邑巨族為阮政承阮政伏伏網內外閨無所謹人以女
存岸域視歸所出太安人生於小正統甲子得年八十子男二
士稱之公生於正統乙丑得年七十有一太安人後公二十年享其祿養其封與
長即師曾院出次師閟側室王氏出府庫附學主負子女二長適黃崇彝次潘尚文
早卒亦王出男孫一汝澄娶兵部司務李思善長女孫二長適胡文安次許婷劉
志廉若此姻鄰俱同郡人公後公二十年享其祿養其封與
贈可以無憾矣皆義方之教之刀也不賢詎極于此乎固宜銘也余童卝遊公之門
纜與師曾同皋于鄉知非不厚且悉忍弗銘邪銘曰
揚名成志貽謨於子緋封君之光二盖同軌身爹多祉維太安人之長有封若堂合
定而藏有文乱彰庶其不忘

102. 贈承德郎户部主事范公封太安人阮氏合葬墓誌銘

立石年代：明嘉靖二年（1523 年）

原石尺寸：高 60 厘米，寬 60 厘米

石存地點：新鄉市衛輝市徐氏家祠

贈承德郎户部主事范公封太安人阮氏合葬墓誌銘

　　贈户部主事范公、封太安人阮氏，皆以其子之貴錫之也。公之卒，乃正德十年四月初三日。師曾始舉進士，聞訃匍匐奔葬。逾年，又宅祖母黄氏憂，越有三祀。制俱終，始赴銓省，拜官户部主事，歷員外郎，進郎中。前三載，迹用上考，公暨阮給所得敕封與贈。乃嘉靖二年十一月三十日，太安人亦卒于京，師曾將扶柩南歸，合葬于祖塋之次。慨公銘表未備，請同官主政陸配乾狀，乞併爲銘以志。夫公卧病十年，俟其子筮仕而後卒，又越有八年後合葬，而獲史氏銘，若有所待。云：公諱鑑，字季清，別號誠齋，世爲汲人。曾太父諱亨，大父諱剛，父諱英，俱隱弗仕。至公始振勵警敏，淬力于學，充府庠廩膳生員，性剛介，有大志，累試不偶，始貢于鄉。時正者不稱，固遜以避，雖主司不俞其請，人頗義之。卒業成均，尋銓授真定府高邑縣丞。幹理馬政，摰牧有法，釁補罔屬于民，迄今稱便。且才力優贍，當道委牒任使，事無巨細，剖决如流，人服其斷。弘治戊午，西虜内侵，上使元戎禦之，道出真定土門，撫按屬以蒭粮。公預戒而辰給之，勿少留滯。己未，滹沱河决，繼以坊築，嚴督時竣。公勸相有道，功先同服，俱獲慰勞，用獎其能。九載秩滿，例應擬晋，即家居不就。數月偶感風濕，弗克行步，若有先見之明。囊箕蕭然，猶讓居於若弟冕。太安人系出同邑巨族，爲陝西參政阮惟一姑母，性專静，寡言笑，幼閑姆訓。既笄于歸承德公，脱簪佩以贊其業。事舅姑曲承其志，處妯娌終惠且温，待婢妾不存岸域，視所出若自己出，慈愛遍服，無少私間。家政秩秩，梱内外聞，無所讒人，以女士稱之。公生於正統乙丑，得年七十有一；太安人生於正統甲子，得年八十。子男二，長即師曾，阮出；次師閔，側室王氏出，府庠附學生員。子女二，長適黄崇彝，次潘尚文，早卒，亦王出。男孫一，汝澄，娶兵部司務李思善長女。女孫二，長適胡文安，次許嫁劉志濂。若此姻婭，俱同郡人。公獲見其子之筮仕，太安人後公十年，享其禄養，其封與贈，可以無憾矣，皆義方之教之力也。不賢詎極于此乎？固宜銘也。余童丱游公之門，繼與師曾同舉于鄉，知非不厚且悉，忍弗銘邪？銘曰：

　　揚名成志，貽穀於子。維封君之光，二孟同軌，身委多祉。維太安人之良，有封若堂，合窆而藏。有文孔彰，庶其不忘。

　　賜進士翰林院修撰儒林郎經筵講官同修國史同邑張衍慶撰，賜進士出身奉議大夫吏部稽勳清吏司郎中歷城劉天民書，賜同進士出身奉訓大夫户部山東清吏司郎中真陽李經篆。

禹碑在衡山絕頂韓文公詩云岣嶁山尖神禹碑字青石赤形模奇
泊峯尾蝌蚪閟巖巒莫能窺道士獨上偶見之我來咨嗟涕漣洏千搜萬索方
瑣瑣悲辛詩語始終公蓋至其地矣未見其碑也所謂青字赤
道士口諳耳若見之矣遂謂衡山嘗無此碑又以傅會為名在崖者為之碑
晉文考異遂謂衡山嘗無此碑又以傅會為名在崖者為之碑

神禹碑在岣嶁尖神禹碑字青石赤形模奇
飲吾嗜不必以生世矣聰為恨也巳

三千餘年而完整無物如此何耶冷之晦何昔之顯
矣碧泉張于楚持以眂予撫卷而歎曰嗟乎韓公所謂古錄古
仲金石忌之三家省古刻師伊列無遺竊不疑不有

此碑跋

嘉慶壬辰三月既望廿葊拜観謹書

103. 禹碑歌

立石年代：明嘉靖十一年（1532 年）

原石尺寸：高 159 厘米，寬 124 厘米

石存地點：安陽市湯陰縣

禹碑歌

禹碑在衡山絕頂，韓文公詩云：岣嶁山尖神禹碑，字青石赤形模奇。科斗奉身蓆倒□，□□□泊拏虎螭。事嚴迹閟鬼莫窺，道士獨上偶見之。我來咨嗟涕漣洏，千搜萬索何處有，森森綠樹猿猱悲。詳詩語始終，公盖至其地矣，未見其碑也。所謂"青字赤石之形模，科斗鸞鳳奉之螭"，□□道士口語耳。若見之矣，發揮稱贊，豈在石鼓下哉！迫宋朱張同游南嶽，訪求復不獲。後□□□韓文考异，遂謂衡山實無此碑，反以韓詩爲傳聞之誤云。再考六一《集古錄》、趙明誠《金石錄》、□漁仲《金石略》之三家者，古刻旷列無遺，獨不見所謂禹碑者，則□昔好古名流得見是刻，□罕矣。碧泉張子得墨本於楚，持以貽予。予撫卷而嘆曰：嗟乎！韓公所謂"事嚴迹閟"者信夫，不然，何三千餘年而完整無泐如此！何昔之晦，何今之顯？晦者何？或翳之；顯者何？或启之。天壽珍物，神飫吾嗜，不必以生世太晚爲恨也已。作禹碑歌以紀之。

神禹碑在岣嶁尖，祝融之峰凌朱炎。龍畫傍分結構古，螺書匾刻戈鋒銛。

萬八千丈不可上，仙扃靈鑰幽以潜。昌黎南遷曾一過，紛披芙蓉搴水簾。

天柱夜瞰星辰下，雲堂朝見陽輝暹。追尋夏載赤石峻，封埋古刻蒼苔黏。

拳科倒蓆形已近，鸞漂鳳泊辭何纖。墨本流傳世應罕，青字名狀人空瞻。

永叔明誠及浹溰，集古金石窮該兼。旷列箴銘暨款識，橫陳鼐鬵和釜鬶。

胡爲至寶反弃置，捃摭磨蟻捐烏蟾。又聞朱張游嶽麓，霽雪天風飄佩襜。

搜奇索秘迹欲遍，春倡撞和詩無厭。七日崎嶇信有覥，一字膏馥寧忘拈。

非關嶜峻阻登陟，定是藤葛籠窺覘。好古予生嗟太晚，拜嘉君貺情深忺。

老眼增明若發覆，尺喙禁斷如施鉗。七十七字挐螭虎，三千餘歲叢蛇蚺。

憶昔乾坤漏息壤，蕩析蒸庶依苓梣。帝嗟懷襄咨文命，卿佐濟洞分憂惉。

洲并渚混没營窟，鳥迹獸逺交門橏。竭來南雲又北夢，直礬西被仍東漸。

黃熊三足變鯀服，白狐九尾歌龐神。後乘□湖受玉錄，前列温洛呈疇□。

永奔竄舞那辭胝，平成天地猶垂謙。華嶽秦衡祇鎮定，鬱塞昏徙逃喗嗋。

文章絢爛懸日月，風雷呵護環屏黔。君不見周原石鼓半已泐，秦湫詛楚全皆殲。

此碑雖存豈易得，障有嵐靄峰嶄岩。跫音夐絕柱蔾藿，吊影颺瑟森欂楠。

湘娥遺佩冷斑竹，山鬼結旗零翠蔹。造物精英忌泄露，祇恐羽化難留淹。

欲摹拓本鐫崖壁，要使好事傳緗緙。著書重訂琳琅譜，裝帖新耀瓊瑶籖。

麝煤輕翰蟬翅榻，煩君再寄西飛鶼。

嘉靖壬辰三月既望，升庵楊慎書。

含嘉祠記

重修玄帝行祠碑記

賜進士文林郎知成安縣事封丘陳橋北太黃門寺前住黃門寺前任善覺書高雲漢撰

沛城直北一舍許有地名芰寺爲聞封仟陌好善積德存仁於洪武初剏其居之罘其基址有神祠以奉香火之所而爲祈福之塲之於永樂十一年秋七月黃河泛漲其水湧忽見木玄帝玄帝行祠本相去不遠許其地居民鄧

直浮流水上自而未㴐焉三氏有封仍東守鄧公祠安郫私治巳酉河水湻後修頻敗其孫爲人聦敏讀書性善發心捐材鳩工薦啓

粧飾一新象間安之所發善俗依飈其文姿於嘉子爲記以紀其功諸子長曰廷璋次曰廷瓊爲人以神而人必受神之休昔神之靈以人而

丙子拾貳有居士鄧君文馨貫符之巳乃爲使煕新造聖鄉覺中㝎知攝肥週塲帰所謂神將慕石爲記以紀其功成規載制葺舟黃金番紺耀耵目營勳視昔有加而

實資材爲鳩工完克成視其異於委人入水臂出显於水日延璋曰廷瓊爲人以神而

聖孫曰亭然也而諸翎之道神食者有勤儉其家之道

一之有所憑漫也象人於是行祠當何如耶以

然爲泉偹福之所則象人於是行祠當何如耶必有所酬善茱有所興可乎不可乎有所壞敗而

聲爲衆時若人民快樂則神之惠也受神之休可而無所酬善茱有所興於無窮矣是以直

今㴐㴐汍興雨物時若人民快樂則神之惠也象人有以興於無窮矣是以直永於無窮矣是以直

大明嘉靖十二年歲次玄馱乹徐巻三月中浣之吉立石

鄧君之功故書此以爲記

長垣縣鼎蘭堤里鎸字匠郭德仁匠李鳳李鳶
縣泥水匠劉良

104-1. 重修玄帝行祠碑記（碑陽）

立石年代：明嘉靖十二年（1533年）
原石尺寸：高148厘米，寬67厘米
石存地點：新鄉市封丘縣陳橋鎮毋寺村

〔碑額〕：玄帝祠記

重修玄帝行祠碑記

汴城直北一舍許，有地名母寺，屬開封祥符之廓，在陳橋之兌，相去十里許，其地居民鄧本□□好善，積德存仁，於洪武初，睹其居宅之巽，其基址有神祠之舊模也。啟於善心，建玄帝行祠，以奉香火之所，而爲祈福之場也。於永樂十一年秋七月，黄河泛漲，其水涌流，忽見木玄帝□□直立，浮流水上，自西而來，周旋三焉。有致政太守鄧公諱安視其异哉，委人入水負出，置於□□，妝綵一新。景泰間，安之子名昂，增修殿宇，聖像焕然鼎新。迨弘治己酉，河水潐没，前修頹敗。正□丙子，有居士鄧君諱名字文，聲貫祥符之邑，乃太守鄧公之嫡孫。爲人聰敏，耕讀承家，性善修□，實鄉黨中之拔萃者也。恒懷濟弱扶傾之善，蓋有年矣。娶王氏，厥生二子：長曰廷璋、次曰廷瓚，□孫曰□、曰揖，皆有勤儉治家之道，矧其文聲。於嘉靖丁亥之春發心捐施己資，掄材鳩工，蔽殿□聖像、垣墙，俱已周備。其功克成，視其規模制度，丹青金碧，照耀耳目，聳動觀瞻。蓋視昔有加而□不□焉，以爲奇偉哉！僉將礱石以紀其功，請予爲記，以垂不朽。予惟人以神而籍福，神以人而□靈，□今皆然也。則所謂神人一道，幽明一理。神既福於人，人必妥其神，所以報麻酬□□爽妥□□。然而灾沴不興，雨暘時若，人民快樂，則神之惠也。受神之惠，而無所酬答於神，可乎？不可乎？此□聲爲衆修祈福之所，則衆人於是行祠，當何如耶！必有所□也，衆有以興之；有所壞也，衆有以□之；有所潓漫也，衆有以完美之。若然，則神之靈可妥悠久，而人之禱，將永錫於無窮矣。是以直□鄧君之功，故書此以爲記。

賜進士文林郎知成安縣事封丘高雲漢撰，陳橋北太黄寺前住持黄門後裔善覺書。

長垣縣蘭堌里鐫字匠郭德仁，本縣泥水匠刘良，木匠李鳳、李鸞。

大明嘉靖十二年歲次玄黓執徐春三月中浣之吉立石。

104-2. 重修玄帝行祠碑記（碑陰）

立石年代：明嘉靖十二年（1533 年）
原石尺寸：高 148 厘米，寬 67 厘米
石存地點：新鄉市封丘縣陳橋鎮毋寺村

重修廟宇

善人鄧名，妻王氏，男鄧廷璋、鄧廷瓚，孫鄧楫、鄧揖、鄧梅、鄧□，同兄鄧端、鄧斌，弟鄧宣、鄧環、鄧廷憲、鄧珍、鄧良、鄧□、□□、鄧璽、鄧洪、鄧景春、韓榮、鄧和，侄鄧淮、鄧深、鄧用、鄧釧、鄧□。鄧□，孫鄧信、鄧浩，弟鄧友、鄧厚。李濱、鄧雲、鄧廷禄、鄧堂、鄧廷富、鄧珮、鄧佶。會内史剛、王琇、刘朋、刘信、魏玉、裴湧、李坪。社友：張景春、張杲、吳宗、李森、王玩、于景芳、張原。親眷：高聰、楊釗、陶萬、陳山、□徑、李進、李財器、張洲、高登、曹澤、侯邦。王孜、李表、張□、李琔、□持、田彥、高□、曹璋。李璠、李隆、侯向□、高珮、王杰初、袁秀、張乾。大同府各人：刘通、王大本、張采。本村善人：魏成、徐雲、王鸞、黎珮、孔惟精、王廷儀、李鸞、張□、張隆、魏靖、王志尚、李才、李秀、魏禄、許端、黎振、孔□。

水陸寺首座真□，本廟奉香火僧人真寶，東嶽廟住持刘之瑩、李□。周府王親：李信，男李紀。

李家□庄地壹頃八十畝，廟地基在内，東至大路，南至大路，西至官路，北至王□。

明
（二）

105. 記事碑

立石年代：明嘉靖十四年（1535 年）

原石尺寸：高 110 厘米，寬 73 厘米

石存地點：焦作市溫縣趙堡鎮陳家溝玉皇廟

自太極開闢天地，三才奠位，上有日月星辰，下有五□之流，中有名山洞府，衍説之序。

太古傳同大綜，往古來今。至弘治八年，乃遺帝王之聖號，□有天宮天母□作動則乘雲，仙人仙女行則乘風。無形謂之妙也。下有中天大聖，有名山洞府，神仙隱迹，無老之斃，乃長生也。中天有東王公、西王母，何氏称□冥也。得道群仙隱遯，各以爲鵠，道悟中其天榜，鶴負上朝金闕。乃登雲步月，□折蟾宮，乃如修仙鑒也。今西王母意設置蟠桃會，上請天母，北陰聖母倍伴降臨，王母迎謁天母而坐，行酒數闋也。天母劉氏，惠［慧］眼遥觀凡世之景，群萬仞之峰，以接朝雲，石□卷卷之多也。嗚呼！山産萬物，松柏檜也；溝壑流水潺潺，春之蠢萬物生焉；百花皆放，四時循也；葵花向日，綻絮抑風舞；四海滔滔，流而不反之意，□逆沿流下也。視凡世人緣措葉意，亦造化宇宙于中州。古溫常村將陳氏諱原誘，□巨宮見二像與上帝并座，一像在榻，□□上漏金一隻；一像在牖，對菱花妝飾，姿妍飭容，吾惜聖心郎之計。天母令一女童送□□宮，吾今慧思，□燕□遣屈産進奉東齊以回，天雨，遂至廟，夜聽神人之□，齊國爲上。屈産透□天幾［機］。後至随唐，李丙畋獵，被天雨趕逐二十八宿廟，上帝敕東嶽定奪二十八宿，下方托爲君臣。李丙聽神之言，透了天幾［機］。吾今弘治八年，陳聽天母所言，透了天機，著吾□□□造。至于九年，沿門歛收，民之窮乏繁冗。至于十年十二月二十一日戌時，發牒□過庙神轉□天宮昊天，□□特聞悉知。至于十一年正月初四日夜分，上帝敕下天蓬都元帥□降赴庙開池，又□□嶽濟瀆、兼功善惡二神、四太尉、疙瘩神□、□香火藥王孫真人，丸藥濟民，洞賓立馬連事，呵險□□代疾。五年，宿庙盖造塑像功完，靈神祜祐，錫吾一粒金丹，吞之病愈。嗚呼庶□！至于十二年□□，久旱之魃，田稼葦簀枯乾，有縣尹張鴻慶，誠沐浴赴庙，陳設雩于祈禱，甄心跣足，無雨而不食□沓，仰告上蒼，恝無貪之賄，有大王速來應雨。四時天降滂沱，尹正帶雨而歸。隔日致少牢，□□□不事巍綽乎。待後陳□禜、王郁重修玄帝殿，武陟買喬木一根，楊秀使車，半塗蹶倒，車輾兩□，□宋扶車而走，全無傷乎？豈不神祐也。吾今朝思夕想，諸神誄功無得可報，神祇庶幾。吁哉！于是備碑，上鐫列諸神聖號，被甄耿耿，同文千古，銘無朽矣。

馮節、馮仏林、馮旺、馮川、馮時、馮懷、馮臣、馮思言、馮雷、馮俊、馮運、馮喜。本村石匠馮來、馮甫、馮鑾、馮堂、馮思禮、馮進、馮華、馮朝、馮應時、馮宝、馮安記。

時嘉靖十四年秋菊月。

九曲黄河畢竟是天上人間何物西出崑崙東到海直走

更無堅轍噴薄三門奔騰積石浪捲巳山雪長江萬里乾坤

兩派雄傑　親征

大駕南巡處龍舟鳳舸白日中流發夾峙雄旗圍鐵騎照水甲

光明減俯視中原遠瞻岱嶽一樓青如髮壯觀感事巳

亥嘉靖三月右次東坡赤壁大江東玄詞一首於渡河日進呈

御覽巳書留河上用記歲月云

特進光祿大夫上柱國少師無老子太師禮部尚書武英

殿大學士知　制誥國史總裁貴溪夏言題

106. 夏言渡河詞碑

立石年代：明嘉靖十八年（1539 年）
原石尺寸：高 298 厘米，寬 124 厘米
石存地點：新鄉市獲嘉縣亢村鎮亢西村

九曲黃河，畢竟是，天上人間何物。西出崑崙東到海，直走更無堅壁。噴薄三門，奔騰積石，浪捲巴山雪。長江萬里，乾坤兩派雄傑。親隨大駕南巡，龍舟鳳舸，白日中流發。夾岸旌旗圍鐵騎，照水甲光明滅。俯視中原，遙瞻岱嶽，一縷青如髮。壯觀盛事。

己亥嘉靖三月。右次東坡赤壁大江東去詞一首，於渡河日。進呈御覽。已書留河上，用記歲月云。
特進光禄大夫上柱國少師兼太子太師禮部尚書武英殿大學士知制誥國史總裁貴溪夏言題。

明（二）

285

107. 重修三橋之記

立石年代：明嘉靖十九年（1540 年）

原石尺寸：高 213 厘米，寬 80 厘米

石存地點：新鄉市獲嘉縣位莊鄉後魚池村

〔碑額〕：重修三橋之記

重修三橋之記

獲嘉縣有八景，三橋景之奇者，即誌所謂"三橋夜雨"者也。或曰：橋，石也。惡靈匪神，惡乎雨哉，橋能夜雨，不其怪乎？吾甚惑。余曰：不然。昔嘗聞老人云，當夜深寂寞之時，地僻境幽，萬籟無聲，靜而聽之，恍若有雨瀟瀟然，霡霂霶霈於橋之下。是蓋人心之靈感而遂通，心與耳應，耳與雨應，天籟鳴而自若有雨耳。謂其夜雨，其斯之謂與？謂橋能夜雨，其然豈其然哉。公勿惑。橋去縣治西北十餘里。地名吳澤。水之所鍾，方圓數十里，所謂汪汪千頃陂者是矣。每值淫雨□期，山水暴發，則洪波接天，浩無涯際，橋因汩沒圮壞者屢焉。遠近行旅往過来續，待渡徒涉者，多患苦之，蓋有年矣。嘉靖十三年，寧山衛官舍穆實暨旗士李杰、王景雲、王鎬、孫學，耆民崔来、李學、崔慶率數十人，各量出資有差，復禮請僧人常月爲化主，而募眾修之。遂稟於陞任邑侯羅公，公曰：此吾有司事也，汝等尚其助諸。他日完工，許其加禮，以勞賞之。因召石匠經營，其橋之費，以銀計千餘兩。常月慨然以重修爲己任，橋之制舊卑丈餘，今高倍之也；舊狹尋餘，今廣倍之也；舊短七丈，今長倍之也。大小五空，水流無滯，而通舟航也；左右兩欄，人行有據，而防巔險也。又於橋之南北約數十步許，各創小橋一座，以泄水之泛濫瀰漫者。昔一橋而今三橋，名曰三橋，斯名稱情矣，真獲呂之一佳景，軍民之一偉觀，太行之一要衝也。事既落成，穆實等欲刻石以垂永久，上稟於今任邑侯吳公，公曰：真吾有司事也。昔羅公許其勞賞之，誠可勞可賞也。刻諸貞珉，信可刻也。因命余爲文，以紀其實，爰稽於誌，橋則創於漢唐，修於宋元，續於大明也。使有創而無修，則前功將自昔日而墮矣；有修而無續，則前功將自今日而墮矣。今日既新修完矣，使後之人能心前人之心，繼前人之功，接續而新之，修之完之，俾勿壞而常存，庶道途無阻滯之虞，國家有公私之利，是又專有望於後之人也。故特書之，以勸夫來者，冀踵芳躅者步武於後焉。事已竣也，常月乃復謂眾曰：橋之東南隅，舊有玄帝廟，可重修之，廟之後可創三教堂，兩傍可構小房數楹，异日可爲賓客徒眾憩息、修焚之地。眾皆曰諾。於是修之創之構之，仍各肖像於其中，山節藻棁，金碧輝煌，瞻者起敬，更添三橋一勝概也。因併記之，以示後人知所自云。

衛輝府獲嘉縣寧山籍太學生王璉撰文，衛輝府獲嘉縣儒學廩膳生員陳愷篆額，衛輝府獲嘉縣儒學廩膳生員李玉楨書。

時嘉靖庚子歲孟秋吉旦立。

知縣：吳鯉、羅浙。縣丞：孫衡。主簿：宋明。典史：姚能。教諭：姚顯虞。訓導：王朝儀、宗蘭。

生員：程珣、趙宗昂、郭光祖、郭承芳、李宗武、郭承恩、黃梅、王胄孺、王殿、馮思敬、秦希周、李仲卿、李重華、蔣錦、陶鋏、張緝、左鑑、趙大魁、徐宗佑、趙拱元、張大經、都士奇、李時鳴、申化龍、呂科、馮鎬、王尚賢、王尚義、王守仁、李檜、楊一科、楊汝栢、陳大誥。

指揮：陳道、王登雲、王琼、胡大用、李榮、周良翰、唐振、楊顒、楊汝棟、熊夢弼、汪思孝、馮鸞、王隆、馬驍。

千戶：穆□、郭甫、史□□、錢本、趙榮、薛鷥、□□、□□、金章、臧儒。

百戶：蔣騰、趙麒、周邦、馮倫、馮邦、宋朝相、李宗、吳紘、王經、李慶、許州、周秦、張昇、孟臣、李章、劉臣、夏希盛、李麒。

石匠：魏朝、張景芳、張得能、張山、李景芳、王得、張得林、申榮、趙成、周章。

《重修三橋之記》拓片局部

108. 重建蕭晏行祠記

立石年代：明嘉靖二十三年（1544 年）
原石尺寸：高 240 厘米，寬 88 厘米
石存地點：新鄉市衛輝市博物館

〔碑額〕：重建蕭晏行祠之記

重建蕭晏行祠記

余少聞西郭有蕭晏祠，其建廟之始、封號之由，未悉也。間閱其址，舊則蕩爲沮洳。新改枕於衛橋之北，去河僅丈餘許，規制甚狹，且左右環以居民，喧啾臊□□所宜。歲時刲羊豕、走廟所以祈者，觀顧弗懌，久不加葺，窬入於壞，民則欲爲而不能爲，官則可爲而不遑爲。祀事靡恭，神不顧享，以致盲□淫雨，沓至迭發，□□職淵客停橈。余因奮然謂衆曰：衛地雖狹，生齒繁多，衛河雖小，舳艫延衺，且支流達於四瀆，關係亦重，安得賢守令而一新之，以答民望者耶？嘉靖癸卯夏，劉足庵氏以秋官即中出守茲土，嚴毅敏決，中心樂易，鋤鉏撫瘝，境內宴然。於不可已之營建，次第舉行。或時延禮賓客，少憩于廟，見蕪穢太甚，力於改作，兼銀之□者，得四人焉，曰王綸、曰李經、曰方文、曰朱深，進之於庭，諭以幽明之理，感應之道，衆皆唯唯。因置簿分募，得白金若干，請允於公。遂鳩工揆日，撤舊增新，凡工□瓦，丹堊金碧，裒然而集。而廟隣張衍祚、蘇相亦慨然施地丈餘，乃建正殿五間，前門五間，兩廡各若干間，雄傑壯麗。且繚以崇垣，竣以陛級，俾羽士悃愊者以祀□，使居民瞻禮，過客肅容，山川草木率有顔色。創始於嘉靖癸卯孟冬吉日，越甲辰而畢事焉。綸輩質言于余，俾徵於後，余惟神依人而血食，人賴神而興利，其理相流通。況考之《祭法》，凡生能禦大災，捍大患者，沒則祀之。矧蕭晏之神，既加以褒寵，而廟隨建，□衛河之所，必能佑我生民，錫以繁祉，其享有廟食也亦宜，豈無名土木者可得而擬位耶。嗚呼！斯役也，臨流據重，有以見大夫仁靜智動之美；掄材表位，有以見大夫裁成輔相之具；崇基拓地，有以見大夫澤周惠博之懿，一舉而衆善備焉。劉向所謂"吏勝其職，則事治非"。大夫而誰？凡我衛之人士，其尚瞻廟貌之尊，□即大夫之經理，體綸輩之奔趨，克恭祀事，以祈瑞會於無疆可也。大夫名汪東，乙未進士，魯茌平人。相是役者，同知劉君欽恩、通判文水郭君廷輅、翼城李君澐、推官金臺陸君維、汲知縣古岷劉君世紳。其它協力捐資，例得以列于碑陰云。仍爲詩六章，俾歌以侑神□。

　　玄黃既判，孰云其崇；惟水爲大，惟神爲靈。神其靈共，作鎮衛土；漑濡居民，庇麻商賈。廟貌湫逼，無以具瞻；猗我劉公，宵旰靡安。庀徒揆日，崇廟飾像；以□神休，以答民望。采藻于河，虞牲于崗；以享以祀，巫覡盈堂。伐鼉鼓兮考鏞鍾，張雲旗兮揚文旐。神之陟兮乘白螭，神之降兮服蒼龍。沛以時雨鳴和風，倏烏逝□□□□。人悅懌居人并翼，皇圖兮永無窮。

　　賜進士出身中憲大夫河南衛輝府知府前刑部郎中茌平劉注東立，賜進士出身文林郎廣西道監察御史郡人青岩毛麟之撰，府庠廩膳生員槐庵王緝書，賜進士出身文林郎山西道監察御史郡人節庵陳與音篆。

　　□開軍府：承直郎通判翼城李澐，奉政大夫同知石首劉欽恩，承德郎通判文水郭廷輅，文林郎推官金臺盧陸維，懷慶衛軍政指揮使署所印楊敬，文林郎知汲縣事西岷劉世紳。

　　時大明嘉靖二十三年歲在甲辰仲冬月中浣之吉。

龍馬負圖寺

孟津縣西北五里許有龍馬負圖寺建於唐砒德

四年名曰興國由來舊已前有大雄殿三楹歷年多

風雨剝蝕幾於前有頹廢已之今梁公增其舊制烏堆殘軍飛

盞英官已逕陳墻視各如也之今公墻垣把毀殘腰邑

似咳始也逕則之故跡各增煥然俊輅而慶重不修猶後世疑釣功竣德

自今始由來則勤主諸貞珉並重不朽云住持僧登忠全建立

必溯厥功德主

嘉靖二十四年歲次乙巳八月乙酉日吉時穀旦

109. 重修龍馬負圖寺建立碑記

立石年代：明嘉靖二十四年（1545 年）
原石尺寸：高 144 厘米，寬 83 厘米
石存地點：洛陽市孟津區龍馬負圖寺

龍馬負圖寺建立

孟津縣西北五里許，有龍馬負圖寺，建於唐麟德四年，名曰興國，由來舊已。前有大雄殿三楹，歷年多風雨剝蝕，幾於頹廢。狄梁公增其舊制，鳥革翬飛，蓋奕匕乎，視前有加也。迄今墻垣圮毀，殿宇摧殘。邑省祭官衛天祥、致仕官陳文山、主簿官雷時春各捐銀兩，秉虔重修。廊腰如鈎，檐牙似啄，就湮之故迹，煥然復新。而猶不欲後世疑功德自今始也，則踵事增華，理應明其朔也。今功告竣，故必溯厥由來，勒諸貞珉，并垂不朽云。

功德主：省祭官衛天祥、主簿官雷時春、致仕官陳文山，住持僧澄忠同建立。

嘉靖二十四年歲次乙巳八月己酉日吉時穀旦。

重修碑記

重建水連洞歇馬殿碑記

蓋聞神人之際至難言也謂神暴有與人乎則幽暗之中無形無跡凝夫天地間心
氣耳夫何言哉意其無為於人也謂神果無興於人乎則福善禍婬遍於晝夜圖
益讖稱於易古聖先賢諄之言之豈欺失下後世共以理揆家神即人也人即神
也用之間人事之中自有鬼神今失鄰郡之屬河南彰德府林縣迤北三十五
里有水簾洞缺唐咬其地古跡尚存東有高歡天半西有黃龍寨南有莎蘿地有
龍洞……人僻洞咬之神終格于斯適有白佛二里居民慨發虔誠同與

洗心謹慕衆於資財重俻
靈感聖皇龍祖王之神殿宇三間華標綵締簷立軒昂垣堵週圍換然新美今有
同室張氏自發誠心刊造立碑香亭共二座不數月而告成凡我鄉邑人民遇
有水旱之災蝗蝻之患疾病之作禱之斯神無不感應咸護一鄉禾豐歲稔老少
安寧正予所謂人事之中自有鬼神然陰施陽報猶如影響作善之家降之以祥
作不善之家降之以殃由此謂也故刻石以記歲月云

大明嘉靖貳拾陸年貳月貳拾伍日立石　設鄉教諭強　撰

刊字匠　王憲
劉子強
石宣　仝立

110-1. 重建水連洞歇馬殿碑記（碑陽）

立石年代：明嘉靖二十六年（1547年）
原石尺寸：高147厘米，寬68厘米
石存地點：安陽市林州市姚村鎮水河村蒼龍廟

〔碑額〕：重修碑記

重建水連洞歇馬殿碑記

蓋聞神人之際，至難言也。謂神果有與人乎？則幽暗之中，無形無迹，凝天地間之氣耳，夫何言哉！意其無爲於人也。謂神果無與於人乎？則福善禍淫稱於《書》，虧盈益謙稱於《易》。古聖先賢諄諄言之，豈欺天下後世哉！以理揆之，神即人也，人即神也。日用之間，人事之中，自有鬼神。今夫鄴郡之屬河南彰德府林縣迤北三十五里有水簾洞，鐵唐峻其地，古迹尚存。東有高歡天子，西有黃龍寨，南有莎蘿，北有龍洞。南北幽人，僻洞峻之神，終格于斯。適有白佛二里居民□□、□□慨發虔誠，同共洗心，謹募衆於資財，重修靈感蒼龍王、聖皇祖之神殿宇三間，華梁綵綌，簣立軒昂，垣堵周圍，換然新美。今有善人楊□同室張氏自發誠心，刊造立碑香亭共二座，不數月而告成。凡我鄉邑人民遇有水旱之灾，蝗蝻之患，疾病之作，禱之斯神，無不感應，咸護一鄉禾豐歲稔，老少安寧，正予所謂人事之中，自有鬼神。然陰施陽報，猶如影響，作善之家，降之以祥，作不善之家，降之以殃。由此謂也，故刻石以記歲月云。

設鄉教苗强撰，刊字匠劉子强、王憲、石宣同立。

大明嘉靖貳拾陸年貳月貳拾伍日立石。

碑陰

大明嘉靖拾陸年歲次丁酉季春重修廟宇 書字人李朝賜記

清泉寺住持

110-2. 重建水連洞歇馬殿碑記（碑陰）

立石年代：明嘉靖二十六年（1547年）

原石尺寸：高147厘米，寬68厘米

石存地點：安陽市林州市姚村鎮水河村蒼龍廟

〔碑額〕：碑陰

白佛村：公父李聰，李臻、李季、李和。南□村：刘文、刘閏、李通、李舉、申隆、申雷、申雨、申成，修真觀王得玉。李暹、李幹、李大用、李顯、李仲名、李仲義、李仲福、李仲魁、李崇秀、李崇才、李崇謀、李崇訓、李崇高、李銅、李春、生員張本成。朱海、刘宣、刘金玉、王月、王忠、張德山。清泉寺僧人：可雷，徒悟善、悟賢、悟香。性全，圓鷥，徒明玉。圓志，徒明金。性欽，悟成，徒周宝。悟徹、周朗。悟云，徒周森。政端、悟玘、明資、興秀、明珠、真海。焦家屯：焦衝、焦衢、申俊、郝恭。北泊村：元民晟、元宗昌、元宗免、元恪、程玉、史讓、史潭、楊氏、長男王進忠，王氏倉。北荒村随社建廟：楊春，男楊崇。楊顯，室李氏、張氏，原尚文、原經，范敖、王欽、楊世榮、王仲喜、原大倉，王仲宣，男王廷富、王富。郭仲才。楊俊、男楊大成。楊秀、男楊大光。楊沅，男楊大城。楊得山、男楊大忠。楊密、男楊□倫。段表，男段世華。楊存義，牛得川，男牛虎。段雨，男段廷弼。李讓、王昶、牛經、魏仲賢、刘大義。石村：楊氏、靳氏。墳頭村：范全、王仲良、原承差、朝卿、范廷秀、張原、原虎山、原富、原虎成、原得幸、原仲寶、原仲舉、原仲金、原仲臣、原仲禄、原仲喜、原子高、原子和、原嵩、王仲倉、王仲敖。范玘、王仲友、王友全、范子和、王山、張富、馬友、馬云、馬全、范子高、范子倉、范子收、原蕙、張信、張永倉、王仲得、王朝卿、郭子隆、王廷宝、寇文玘、馮志友、張仲名。侯得山、王和、王岩、李友、桂原、武云、野伯章、馬隆、王進朝、許章、原虎強、崔良、原子強。西河村：付恩、付代用、付代賢、付文、韓道、韓韜、柴屆、楊奉。清沙村：胡信、胡海、胡錦、胡万隆、胡万成、胡仲臣、胡臣良、胡宗玉、馬經、許仲喜、馬進朝。任村：王名、王雨、陳和、靳賢、桑子隆、胡大經。南荒村：張經、桑朝。下陶村：田万友，男田云。田万敖、田雨、田万才、田虎、魏徵、田豹、魏卿、田豸、田思忠、苗仲□、張文通、范子秀、趙得山、趙得玉、申章。張景朝、左廷富、馬宗玉、万倉、楊虎。井子村：刘隆、刘文益、岳文義、于興、陳仲和、岳全、岳得宝。北荒村：張景祥、王仲仁、牛仲文、王錦、張太、許廷章、段礼。上陶村：彭子隆、彭明高、彭尚德、徐世章、徐世威、徐世強、秦志強、陳章、秦奉、焦騰。西荒村：郭仲富、郭仲迁、郭仲晟、郭仲儒、張安□、關大志、關大花、武仲賢、□敖、王敞、李景、李宣、郭仲海、許仲臣、段世隆、刘洗、王禄、楊安、常方、王正、楊得山、郭世欽、郭仲富、郭仲禄、張四百、張景全、王其，侯氏、吳氏。姚村：許見、刘得、刘賢、刘万千、申明、王廷秀、申良、申虎、刘万敖、張虎。常村：靳英、常淮。牛艮村：常旺、常友、常賢、常安、常良、石文恭、牛耕。牛村：定角、魏頂、張其、楊舟、刘万良、刘万友、刘卿、宋文显、楊廷可、宋文昇、田得名、常倫、常倉、許通、楊通用、王世宗、刘彦章、陳月、楊潭、楊隆、王渠、靳□、刘林、申朝……

書字人李朝賜記。

大明嘉靖拾陸年歲次丁酉季春重修廟宇。

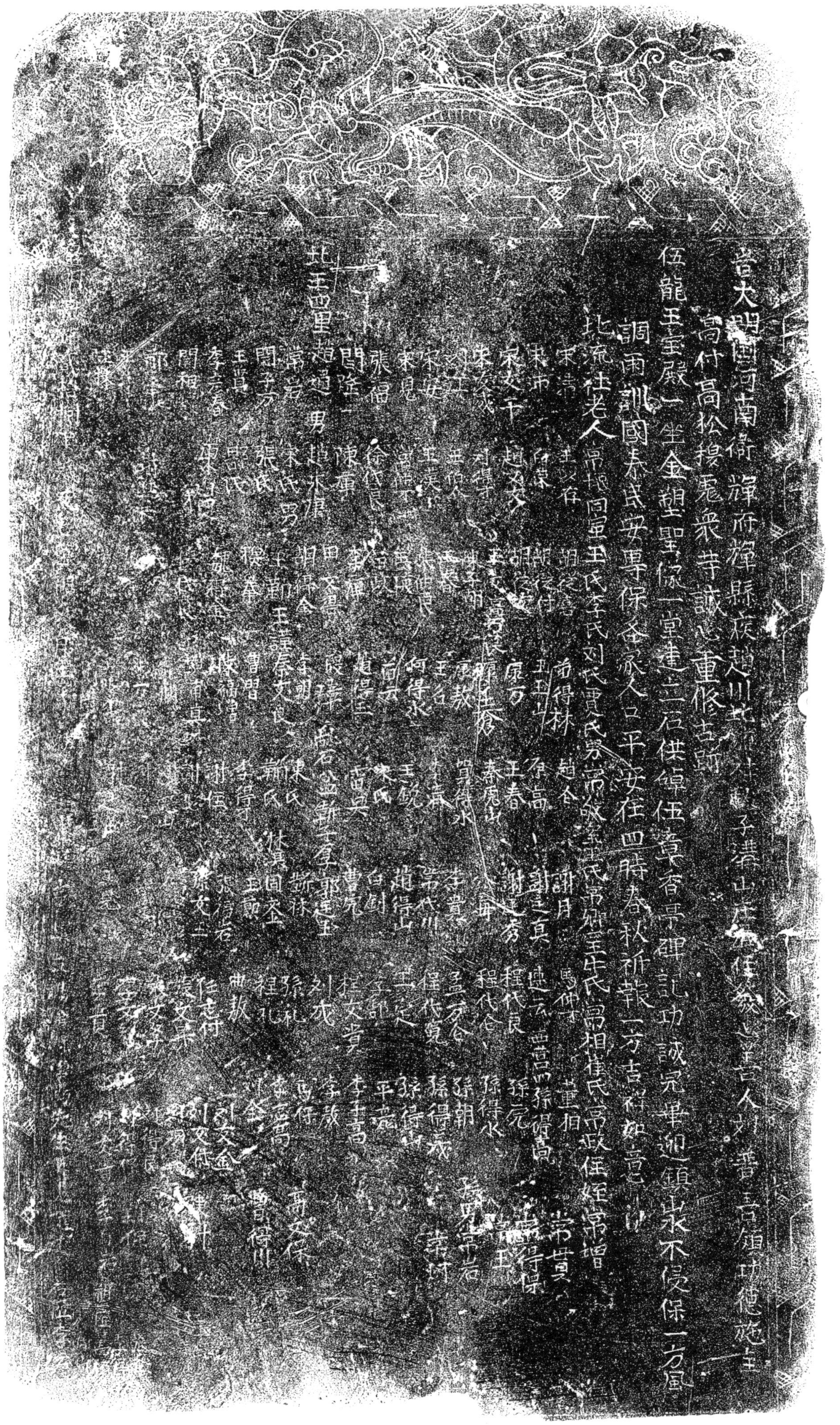

111. 重修五龍殿碑記

立石年代：明嘉靖二十八年（1547 年）
原石尺寸：高 100 厘米，寬 57 厘米
石存地點：新鄉市輝縣市南寨鎮秋溝村

　　時大明國河南衛輝府輝縣侯趙川北流社□子溝山庄□侯發之善人刘普善，領功德施主高付、高松、穆彪衆等，誠心重修古迹伍龍王宝殿一坐，金塑聖像一堂，建立石供桌伍章，香亭碑記。功誠完畢，迎鎮山水不侵，保一方風調雨訓［順］，國泰民安，專保各家人口平安，在四時春秋祈報一方吉祥如意。

　　北流社老人常振，同室王氏、李氏、刘氏、賈氏，男常敬、室王氏；常卿、室牛氏；常相，崔氏；常政住；侄常增。

　　北王四里：宋清、宋沛、宋友干、宋友成、刘江、宋安、宋恩、張福、閆隆、趙通、男趙永康、常岩、閆子方、王質、季彦春、閆相、鄭舉、王□、閆林、王以存、白榮、趙文友、刘得才、王伯人、王漢、常傑、徐代良、陳庫、宋氏男、張氏、鄙氏、栗雨良、林其長。胡從善、胡從付、胡從友、王文高、陳子胡、王春、張仲良、王□、苗政、李庫、田文禧、胡得金、王勤、王謹、蘇秦、魏清金、魏代□。苗得林、王玉山、康万、康廷倉、康敖、王名、何得水、苗云、趙得伍、段璋、李朝、秦友良、曹習、張福增、□甫直……趙合、原高、王春、秦虎山、賀得水、李清、王鋭、朱氏、雷興、亂石盆靳子厚。陳氏、靳氏、李得才、謝住、謝北……謝月、謝廷秀、公海、李貴、常代川、趙得山、白剣、曹虎、郭廷玉、靳林、林淇固鑾、王節、張福岩、孫友玉……馬仲才、連云、程代良、程代合、孟万合、程代寬、王定、李鄁、程文貴、刘成、孫礼、程礼、曲敖、任志付、張文昇、張文學、李文□、雲貴。董相，西营四孫得高、孫完、孫得水、孫朝、孫得義、孫得山、平立、李子高、李敖、馬保、李志高、刘全、刘友金、刘友付、刘□□、刘得良、刘得保、刘友奇、常貫徹、常得保、常玉、孫男常岩、常村。高文保、曹得川、張科、余保、李自福。

　　嘉靖貳拾捌年歲次己酉□月廿……

明（二）

祭衛源
神碑
文

祭衛源神碑文

維

嘉靖二十九年歲次庚戌四月乙未朔越廿一日乙巳

欽差巡撫河南地方都察院左副都御史端廷赦謹委河南衛輝府堆

官黃廣敬於平

衛源之神曰維

神伏流遷延俗原出陽防湯金而噴玉所懼景頭浮元滌䃟川之歲

神伏流遷延俗原出陽防湯金而噴玉所懼景頭浮元滌䃟川之歲

……與雲雨於四行數利碑於一石歲上章之閣茂

……相憫來延其枯槁重黔庶文憂惶肄絢亥於歲正走

真座於卯星言靈原之聽徹貽甘雨以市旁獲歲成於首望感神

惠於無疆聊以腸俎祖余尨齡格之……

112. 祭衛源神碑文

立石年代：明嘉靖二十九年（1550 年）

原石尺寸：高 187 厘米，寬 82 厘米

石存地點：新鄉市輝縣市百泉衛源廟

〔碑額〕：祭衛源神碑文

祭衛源神碑文

維嘉靖二十九年歲次庚戌四月乙未朔越十一日乙巳，欽差巡撫河南地方都察院左副都御史端廷赦，謹委河南衛輝府推官黃宸致祭于衛源之神。曰：維神伏流冀北，發源山陽，既涌金而噴玉，亦耀景而浮光。滌眾川之瀎濁，潤百穀以蕃昌。興雲雨於四序，敷利澤於一方。歲上章之閹茂，值隆旱於睢梁。憫來麰其枯槁，重黔庶之憂惶。肆鞠疢於眾正，走奠瘗於郊堂。幸靈源之聽徹，貽甘雨以沛滂。獲歲成於有望，感神惠於無疆。聊潔觴而徂祭，宛歆格之洋洋。尚饗！

113. 黃公廣濟橋碑記

立石年代：明嘉靖三十九年（1560 年）

原石尺寸：高 265 厘米，寬 92 厘米

石存地點：洛陽市老城區大石橋

〔碑額〕：黃公廣濟橋記

黃公廣濟橋碑記

瀍水，考之郡誌，出自穀城，舊建橋利涉，興廢不能悉舉。正德戊辰，安陸沈公文華守余郡，乃建石橋爲三空。其水經流郡城東門外，南入於洛。其泉中貫邙山，而出勢漫延七十餘里，望之若翔，即之若伏。水至冬春，泉縮水微，舉足可渡。至夏秋，霪雨漫溢，自高而下，散出於群壑之中，脉絡如織。其間，斷岸絕壁，咸會出通，迫水勢洶涌，濱河者恒危之至。嘉靖丁巳七月初二日寅時，大水异常，平地水高數丈，沈公橋東門月城俱随流蕩覆，新街居民宅舍房屋汩殁殆盡。橋斷路阻，經行者褰裳濡足，已及四載。嘉靖己未，山東壽光張子柱來守吾郡。心切牧毅，政咸宜民。是歲烁，即大揭告示，懸之通衢，方謀建橋。適大司禮黃公龍山垂情故鄉，乃出我聖天子累歲所賜金幣，付之弟錦衣千户黃子鎧任治其事，且戒之曰：建橋諸費，秋毫皆余辦之，毋累人民，毋淹歲月，余志也。鎧至洛，遂選募匠氏技藝之精者，登邙山以觀源流，相地勢以酌損益，疏山采石，範鉄樹椿，殫厥心力，經營悉備。孟津上林監丞楊子欽亦克相之。爲橋五洞，以通水道，中高三丈六尺，闊三丈三尺，長二十五丈，間以石欄，用障往來。橋東西兩岸，以石鱗次，左右疊集，東長五十丈，西長一百丈，列壁峻固，水遂遷演。噫！橋之惠溥，而其費甚巨。今龍山公建橋，其費不用公帑之一錢，其力僱之傭役，而不勞人民之一夫。工始於嘉靖己未十一月，訖庚申五月終，僅六月餘落成，厥工甚速且堅，緻綽有如砥之安，何也？蓋嘗觀人之世，識見足以高天下。能爲人所難爲之事，殁世而名不稱，君子不爲也；利可濟人，重逾羞珍，而人不沾惠者，君子不已也。龍山公憫鄉人之陷溺，念橋梁之少缺，輕財重義，毅然以建橋自任，任用得人，卒致鼇極奠址，軒浮架梁，屹然爲萬世之利濟。洛郡闔城縉紳士大夫相與奮激，犒及工役，皆所以嘉其績而樂其成也。以余計之，公一舉而四善兼焉：克篤鄉誼，一也；濟涉便民，二也；募役寓賑，三也；惠垂百世，四也。所養既深，所爲而迥出流俗，亦善體聖主之高厚遇人，而輕重資若毫毛矣。其視世之嗇夫吝賈，萬不侔矣。公名錦，洛陽人，號龍山，昔議均田，今建橋梁，高風偉迹，增勝洛郡。且令風氣聯固，人才輩出，將與嵩洛同其悠久矣。昔召公分治瀍水以西，而甘棠遺愛。今龍山公深仁厚澤，浹洽洛人之心而闔郡父老咸懷公之德，室家相慶，戴之弗忘，不猶周人之思召公耶？而黃公以大司禮榮綰銀章凡三十餘年，盡忠報國。聖主命總督東廠，遭際之盛，亦近世之僅見也。今輸資惠民，有古裴行儉之風，而慷慨若楊綰然也，豈不可謂之賢乎？兹以橋成，郡守張子偕諸僚屬詣余，曰：龍山建橋，可謂體恤同鄉者至矣，人品之高有如此，可遂泯耶？乃屬余文，勒石記之，是亦人心感慕之公，俾來者知所自也，後守土者宜體龍山公建橋之心，經營之難，令歲加修茸，以濟其美，以惠吾郡民，則斯橋雖百世傳可也。

賜進士出身資政大夫南京户部尚書前都察院佐院左副都御史洛陽孫應奎撰，賜進士第資善大夫兵部尚書奉敕總理京營戎政宜陽王邦瑞書并篆額。

河南府知府張柱、同知邢釗、推官錢鈞、經歷張柏、知事喬楨、照磨楊仕、檢校楊璉，洛陽縣知縣顧堅、縣丞胡朝用、主簿史策、典史邊槃同立。

嘉靖三十九年時在庚申孟春月穀旦。

114. 邑侯黄公修城記

立石年代：明嘉靖四十年（1561年）

原石尺寸：高210厘米，寬74厘米

石存地點：新鄉市長垣市文管所

〔碑額〕：邑侯黄公修城記

邑侯黄公修城記

長垣，在春秋桓公三年夏，齊侯胥命於蒲家，語子路爲蒲宰，即其地也。後大明興，定爲縣治，東壤接兖，西境連滑，北據澶淵，南帶黄河，三面交會之衝……崇山峻嶺之險，故盗賊易於馳騁奔竄，而守土者常慮焉。城始築於縣……繞二里有奇。時洪武元年，邑侯蕭公翼展築八里。後有修葺之者，若張公治道，其增置之功，□其最菁，……爲嘉靖己未夏秋，大雨二月不絶，城中水泛溢，無道可疏，外則環城汪……渡舟，居人慣釣，□葦遍□盈耳，城之復隍者，十之有六七矣，宛若故墟也。父老以爲曠日□□，臨川黄……召詣京，而民實失怙恃。越月，聞新侯豐城黄公以名進士奉命來莅是邑，闔邑士民舉盼盼然，望其拯於水也。逾月公乃下車，□□未遑，周……昏墊惕然，若已溺之者，遂謂僚吏曰：兹非古之三善之地，號稱富庶者□□□兹保障之責，非我而誰？嘗觀巨□，欲保其子孫財貨，必嚴起門扃焉，峻其垣墉焉，夫然後寇不我□也。正德辛未……驚幾爲所屠，如今爲□後撤，設有不虞，何以備之？安戢之圖，顧可疏於富翁之保其家也乎。於是，相地之□□，泄環城之水於田間故道，而城中水亦以次引之無留焉，乃計其工役，度其……程，卜其吉辰，進□役官曰：汝督□弛，勿亟勿苟，且應命惟久，□□□□工曰：予非勞女，惟郭城民之衛勞于一□安，女勤哉。工始於嘉靖庚申二月初五日，告成於本年三月中，計其□甫幾月……者補、卑者崇、盈者深、隘者闊。若門樓、鋪舍、垛□之類，堅固倍昔。□□□以文焉，巍然焕然，成金湯之□，□數百□□矣。役之初舉也，揮鍤奮鎚者歡欣鼓舞，其持肉載酒以犒之者，接踵於道，悦以……競勸，父老咸相慶曰：防禦備矣，其永逸矣。誠治國如治家保□□□子矣，何患乎水之溢，何憂乎□□侵，頌□殆不替也。縣丞閻君九齡因謂本曰：先生曷紀其事，以永其傳，以□四方之愚……足以揚其盛。竊惟國初創建之時，人疲于兵馬，孰不欲得安土而休息之，築城亦不甚艱也，惟承平……禦侮之苦，曷有休息之思，教以築鑿，未有不賈怨也。今民□□□者，真如□來不□□，而事□□□□也。不□□足何其簡也，不逾期而功成，何其神也。順則不拂民，簡則不擾民，禮則合上下，而……於義也，奚賈怨之有？若昔蕭公、張公□□□□之難得者，我樸庵翁又高出于二公之上不知凡幾輩矣。然此特其一事耳，若夫以渾厚培其……明作其氣，敦仁履讓，而士類聿興，□□剔弊，而豪猾斂迹，獄訟之平，賦役之均，有不能以盡述者。其所以御□城也，行當上佐廟堂，奠安國家，文綏武衛，不特一邑蒙其賜矣，愚烏足以揚其盛哉。公姓章，□□華，字，別號樸庵，禮圍易魁下士，美榜進士，江右之豐城世家云。

儒學教諭舉人□安岳本撰文，儒學訓導□陽孔殷篆額，省祭張選書丹。

縣丞閻九齡、茅煒，主簿劉文，典史袁驤。生員王感、徐□、尹□、李春華、李淬、車……于時陟、楚國寶、靳尚鵬、李守約、孫懋賞、□□堂、楊寬。省祭：陳商、郭艾、趙鈇、殷桓、張進、王初、徐常、焦桐、邢名、姬津、傅鍜、劉菊、傅鍊、趙琪、李復本、楊守志、孟承恩、武尚質、馮思忠、楊思明、楊守仁、田立、王永祐、李誥。□禮：陳情、張志要、孫繼武、胡价。合屬：張□、張□、胡挺、李信、張四維、張籌、張守紀、張常霓、□□、□書、方桂、王進德、閆勃、楊棟、黄□、王沺、張相、陳同、宋薰、段寶。保長：韓錦、□□、肖珙、馮堯、杜琚、王志高。鄉民保甲：谷玉、程格、李雄、□松、牛進、孫倉、張祿、高冲、徐明、張朝、李艾、陳萬良、郭相、侯貞、姚□、許尚仁、謝恩、郜堯、趙得濟、武尚言、李印先、□濤、崔朝、肖得受、賈秦、段舍、侯敖、李孟、崔□、邵□、王濟、張仲、李守仁。

　　嘉靖四十年歲次辛酉冬十月吉旦。

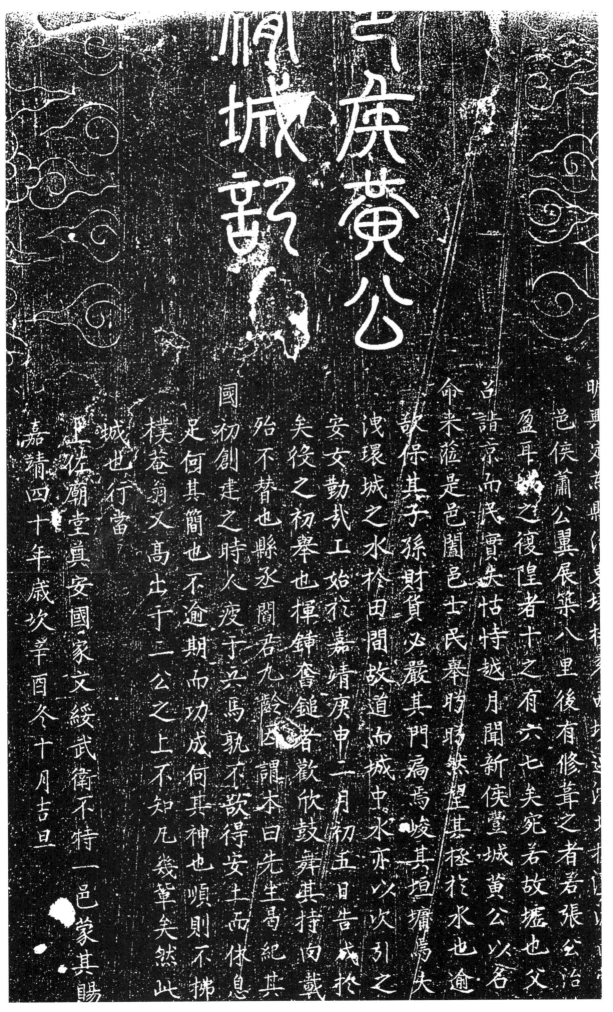

《邑侯黄公修城記》拓片局部

115. 重修廣唐寺塔記

立石年代：明嘉靖四十二年（1563 年）
原石尺寸：高 197 厘米，寬 80 厘米
石存地點：新鄉市延津縣塔鋪村廣唐寺

重修廣唐寺塔記

廣唐寺創於故酸棗邑，時梁武天監丁酉歲也。浮屠唐後水陸殿如之，中名白馬塔，屹屹然。不知何以一簣之不覆。及邑遷通郭，居人列寺之東向，乃以塔名鋪，迄于今治，則西北之於東南，相距二十里許矣。余嘗觀寺之北，皆河舊道，考自漢文之後，決者不一。豈崑崙星宿之水，至是始洪浩怒騰歟？或者异物乘以济裂，爲居者病，治之必難爲力，乃假佛力廣大以鎮之耶？否則何起寺塔如彼之尖然也。曾聞之江南之俗有創寺觀以張風氣，經地理而植人文，非無見者。廣唐之建，或非但梁武之好尚啓之也。河徙邑改，居人靡依，而寺之圮而復完者，相傳且千載延之，所以得爲舊邑，此其徵歟。世變無恒，肖寺仍故，豈不嘆哉耶！今鋪之耆民趙敕輩以爲隘，而闢其址，而爲之倡，乃捐口之食、身之衣，易梁棟榱桷、瓦墁丹漆，不以爲惜。由是弓旌衣冠之族，亦樂爲之施。近鋪者，或以力，或以資，鮮不子來。故簣土不以備，市甓不以陶，而料罔不敷。大匠運巧，百工獻伎，堂宇、僧舍、門垣之類，皆不日而起。工既訖大合，衆以落之請余爲記。予因感於時，不能以無言也。延邑之內有大覺寺之塔，人欲新之，二級而止，以財用之匱，募者去矣。計其所費，則千金耳。若白馬之塔，當十倍於此者，然修之一易而一難，豈無謂哉！盖民心之崇尚無异同，而古今之人民有貧富也。今延之民，殫其地之出，竭其廬之入，不足以供捕蛇之苦，豐年而啼饥號寒者，十居八九，一遇凶荒，則闔門就斃者多矣。奚暇修寺塔哉！鋪民之貧且浮於邑之民也，而爲此果，何所重耶？盖堪輿之説曰：塔映太行，風氣萃焉。且一邑視爲文筆，有資多士也。敕爲一邑之所重者重之，而不惜其費，將以求永其盛也，余於是又有所感矣。梵語塔婆譯方墳，爲人天福利。浮屠氏以寂滅爲樂，以真空爲宗，凡所有色等諸夢幻泡影，固不假廣潤而安妥，莊嚴而尊顯也，而又焉用之。且慈悲净寂之説，本吾仁義誠敬之教，其不廢者，非以密賛神化也。説者謂九黎亂顓帝，髠而竄之西戎，故後人欲人其人，廬其居，殊不知能明先王之道，敦仁義誠敬之道，口司徒宗伯之我，則戎且我用，而何非之爲。況是寺也，自昔則鎮大河水物之怪，以奠民居；在今則增縣治風氣之勝，以資士類。豈不休歟！是爲記。

賜進士第浙江按察司副使宋守志撰文，賜進士第户部山東司主事李承撰書丹。

知縣陳彝，教諭李克嶷，訓導劉紹宗、張維翰，典史程功，巡檢史宗孝，驛丞李旻，所大使沈文彬，陰陽官李啓後，醫官李自東。大覺寺住持劉玄。

本寺住持僧人成宝，募緣僧人了堂，邑民宋勸書。

皇明嘉靖四十二年歲次癸亥夏六月朔立。

116. 重修五龍廟記

立石年代：明嘉靖四十二年（1563 年）

原石尺寸：高 138 厘米，寬 59 厘米

石存地點：洛陽市澗西區瀛洲街道前五龍溝村

〔碑額〕：重修五龍廟記

重修五龍廟記

古豫郡西距城二十里餘，五龍溝北岸舊有五龍廟，考之郡乘，溝有五泉涌出，澄澈瀠洄，故廟建焉，唐尉遲敬德創也。稽諸殘碑斷礎，累昭靈異，歷宋元以來，屢遭兵燹，廢興靡詳。及嘉靖戊午，鄉耆□□孫朝用、張江睹茲廢圮，嘆曰：廟建於昔，非而人也爲之邪。遂首倡義社，偕宦族□□麒、俞得水輩聚財鳩工，植廢起墜，於是，前爲大門、殿宇三楹，中肖五像，廟貌翼然，觀者嘆服。禦灾捍患，有禱輒應。神之福於斯郡者，不直是已也。工始於己未之春，落成於癸亥之夏，人心協和，神靈默相，足爲郡一勝景也。陳子鳳因請余爲記，以徵歲月，余謂龍之爲物，灵變莫測，沛膏澤而滋下土，時和年豐，灾害不生，以佑我皇明億萬載無疆之祚，以錫我黎□□生之樂。《傳》曰：有功德於民則祀之，能禦灾捍患則祀之。龍之於人可謂無愧於是矣，則廟宇香火之祀宜哉。復延黃冠，以尸守護，則益永演於無窮矣。凡與於斯廟者，俱列名於碑右，用垂不朽云，以紀其績，或爲將來者勸。是爲記。

文林郎知昌黎縣事郡人伊東李桐撰，同郡慎庵李□書併篆。

捐財助工：姚世倫、姚世傑、李克儉、徐文玉、姚世威、姚廷佐、姚士學、刘幹、李□、□恒、李秀、夏□、俞學、孫釗、夏佳、陳州、孫欽、溫杲、孫銘、俞朝、聶朝憲、金良重、李同洪、孫龐次、夏廷甫、李天受、夏洪、夏朝、夏良、夏禄、夏谷、夏京、夏魁、潘□、潘敖、潘寶、潘現、李東、□川、李進、胡得、陳魁、閆俊、李雄、陳梅、夏陽、吳宗甫、潘朝陽、朱朝先、孫天福、俞得河、胡元清、謝良節、商爵、刘善、刘金、刘成、刘銀、閆敞、房江、陳還、馬儒、張海、孫定、刘雨、李同、韓春、王得山、刘景山、刘大用、刘大先、張奉、張表、刘云、潘盈、陳道、梁佩、刘得水、張朝、崔文洪、李得行。

陰陽生：有臣、常鸞。匠作：賈廷州、刘永勝、李增、賈寶。石工刘策鐫。

嘉靖四十二年仲秋十日。

新建伏羲廟記

縣治西北五里許地名曰龍馬負圖寺名曰龍馬父老相傳為伏羲時

龍馬負圖之處又按洛陽縣志河圖在縣東北四十五里卽山之

陰觀此尤足徵也晉永和四年僧名澄者於寺前建伏羲廟王極

梁武帝因以龍馬寺名之今寺名興國咎僧人傳麗

之誤耳歷世既久神廟頹廢歲癸亥年履任之明年也百務少

有識者聖跡益發矣與監丞諫村楊忠過訪名蹟以鎮四境諫村

民知向仁乃乘暇與監丞諫村楊忠過訪名蹟以鎮四境諫村

以負圖沿革之故語余余嘆田漸之祖所以啟聖人之

聖人伏羲閟天地之秘立文字之像春秋隙地命住持僧

此烏鳩工重起伏羲廟王告成余遂援筆書之以紀歲月云

泉為龍馬厯王告成余遂援筆書之以紀歲月云

寺為龍馬厯王告成余遂援筆書之吉孟津令東平澤東馮嘉乾撰

嘉靖四十有四年秋七月上浣之吉孟津令東平澤東馮嘉乾撰

117. 新建伏羲廟記

立石年代：明嘉靖四十四年（1565 年）
原石尺寸：高 125 厘米，寬 63 厘米
石存地點：洛陽市孟津區龍馬負圖寺

新建伏羲廟記

縣治西北五里許，地名曰"浮圖"，寺名曰"龍馬"。父老相傳爲伏羲時龍馬負圖之處。又按《洛陽縣志》："河圖在縣東北四十五里邙山之陰"。觀此尤足徵也。晋永和四年，僧名澄者於寺前建伏羲廟三楹，梁武帝因以龍馬寺名之，俱遺碑可考。今寺名"興國"，皆僧人傳襲之誤耳。歷世既久，神廟頹廢，鄉人雖知有寺之名，而負圖之義鮮有識者，聖迹益岌岌乎泯矣。歲癸亥年履任之明年也，百務少舉，民知向化，乃乘暇與監丞諫村楊君，遍訪名迹，以鎮四境。諫村即以負圖沿革之故語余。余嘆曰："□之大，原出於天，而其統，寄於聖人。伏羲闡天地之秘，立文字之祖，所以啓聖人之獨智者，實於此焉賴之也，容可或泯乎！"以故，擇寺後隙地，命主持僧人智經，率衆鳩工，重起伏羲廟三楹，中肖以像，春秋以少牢祀之，而仍名其寺爲"龍馬"焉。厥工告成，余遂援筆書之，以紀歲月云。

孟津令東平泮東馮嘉乾撰。

嘉靖四十有四年秋七月上浣之吉。

明（二）

313

118. 衛河廉川橋碑

立石年代：明嘉靖四十五年（1566 年）
原石尺寸：高 258 厘米，寬 90 厘米
石存地點：鶴壁市浚縣浮丘山碧霞宮

浚縣衛河廉川橋碑

衛水發源百泉，自西南來，仰受太行諸水，經浚城西面北流，《書》所謂有"河朔黎水"也。浚人居水東者十三，西者十七。故有石橋，歲久頹圮，民病涉者十餘年矣。嘉靖乙丑冬，廉川魏公以進士出爲浚宰，至甫月餘，百度煥然改觀，有如汾陽軍將之以臨淮者，父老輩欣欣然喜色相告曰："新宰□趣才略□非常，橋復其在今日，盍往言之？"乃合一邑父老來言橋事。公曰："嗚呼！□降百泉則修橋梁，非王制乎？水西者十七，非民居乎？王制廢□當修，民居多憂。當□□□□，急急圖之，而不可少緩焉者。顧予至官之初，工大用廣，財不足如之何？"父老對曰："竊聞之，事成於多助，□□□乘□□民情之所欲者在橋，□□悦乎新政，誠乘此機下助役之令，民必回應，不患無財用也。"公曰："誠若是，予當力任而急爲之。"於是下令於邑，民有願助橋役者，聽各量其力，不計多寡。百姓聞之，歡聲如雷動，千百里相率助役者輩屬不絶。不浹旬而財用足，乃鳩石工，募力作，采石陶灰，橋事興矣。故基以木，今易以石，固本也；上起鯨背，中闊虹腰，利舟也；欄檻、邊際，防墜也；四柱欄端，華表也。高二丈有五尺，寬三丈有五尺，長一十有八丈。工始於丙寅歲春正月二十有一日，訖于夏四月晦日。公大悦，諏日之吉，携賓佐落成。三邑博率諸生而前，請名于大伾王子，曰："我廉川宗師善政善教之餘，造石爲梁，功加百姓，雖稱勝絶，未有嘉名，願夫子名以紀之，俾與垂虹諸□同垂不朽。"王子曰："□□□不廉者，雖知之□亦不爲，即爲之而下亦不應。公令一出，民應如響者，廉也。橋以廉成，廉以橋顯，德政相因也。執是□□□從橋之□□□溺之道，收濟川之功者，咸於是乎？在固不止於茲橋也，以號名橋，不其稱情也哉！"師生咸曰："善"。遂名之曰"廉川橋"云。公名灃，字汝衡，河南許州人，乙丑進士。

賜進士□□□西□監察御史□生大伾……賜進士□□山西按察司副使……進士□□山西按察司副使……

經學教諭范□山，訓導□易、索璽、王□、王□、劉天成，典史孫□、□□官……舉人……珂、李四勿……生員……

明嘉靖四十五年夏五月吉日。

〔注〕：據《浚縣志》可補撰書人爲："山西道監察御史王璜號大伾撰文，山西按察司副使李文昇字風巖書丹，山西按察司副使朱天俸號一槐纂額。"

新鄉縣合河店石橋記

119. 新鄉縣合河店石橋記

立石年代：明嘉靖年間

原石尺寸：高 108 厘米，寬 86 厘米

石存地點：新鄉市新鄉縣合河鄉合河村

〔碑額〕：新鄉合河橋記

新鄉縣合河店石橋記

合河出蘇門山，經新鄉……盪擊壞田病涉害，亦……敬、郭聚、陳傑輩鳩工……計者百數石，以塊計……餘尺闊，視長叁丈……今未卒也。時藩……永賴乎。夫今……與梁勞費弗……時……而……復非……

新鄉縣知縣鄒頤賢撰文，儒學教諭趙琬書丹，訓導蔡寬篆盖。

嘉靖……

濟瀆廟重塑糚神像記

河南偃師縣廩膳生員劉偉撰文

覃懷溫邑西有安仁鄉惟鄉有村曰南霜倫村西古有清瀆廟一所蓋

瀆神行祠也敢神惟之中曰

元君聖母右曰

濟瀆神妃村民凡救旱疾疫有求必禱有禱輒應非他淫祀者可倫藏久廟卒

失委希衛膽卯昆成歇新之不果本村民藥寵從箭之既塑而未繪其人遂故矣至最社首張增張守藏張天

曰敢神金人北甬廟貌儀像廳敬若忘帶薪可子于是各出錢以助

厥子毅棟不致有神像割益之以憩脆和之以憩爛文章偉其煥然一新膽者起敬敬

之以五樂緬之以魁脆和之以憩爛文章偉其煥然一新膽者起敬敬

濟瀆神之事神也矣心而不以物神之歡欠也惟其誠而不惟其禮乏

瀆神之祀以徼福之者舉南已哉如是則神依人而食人顧神而更福

水明醫慶戰旱歲次庚午冬十二月吉日

隆慶肆年十月金粧神像

三十年三月重粧半四十名第二身重靈神像

本廟焚修王星兵壇山蔡仍當住待道士

劉松

張增 張慈

劉氐杜松朾 同尊杜廷印

男黄初 葵茴萬同鐫
劉汴卷

畫匠承建 己王以竹
張增匠 張子職 張天爵 同弟王以梅

120. 濟瀆廟重塑妝神像記

立石年代：明隆慶四年（1570 年）
原石尺寸：殘高 166 厘米，寬 58 厘米
石存地點：焦作市溫縣番田鎮南張倫村

〔碑額〕：濟瀆碑記

濟瀆廟重塑妝神像記

覃懷溫邑乃有安仁鄉，惟鄉有村曰南張倫，村西古有濟瀆廟一所，盖濟神行祠也。厥神惟三：中曰濟神，左曰元君聖母，右曰濟瀆神妃。村民凡水旱疾疫，有求必禱，有禱輒應，非他淫祀者可倫。歲久廟宇□□□失色，弗稱瞻仰。民咸欲新之不果，本村民張寵欲新之，既塑而未繪，其人遂故矣。至是社首張增、張守職、張天爵□曰：是神益人如此，而廟貌儀像塵故若是，弗新可乎！于是，各出錢財，及糾合村之義民義社者，各出金穀，以助□□。廟宇□無不整，於神像則益之以金玉，□之以五采，飾之以冠服，加之以黼黻文章，俾其煥然一新，瞻者起敬，□□□□有庇，祈報有賴。眾因屬予以記之。予惟人之事神也，貴以心而不以物，神之歆人也，惟其誠而不惟其禮。今□如增等□事神，可謂以心矣，可謂以誠矣。則神之福之者，寧有已哉。如是則神依人而血食，人賴神而受福，神人□福盛矣。若曰□神以徼福，非予之所敢知也。是爲記。

河南偃師縣儒學廩膳生員劉倬撰。張天叙書。

嘉靖三十年三月重修殿宇，社首：劉松、張增、張登；嘉靖四十三年二月重塑神像，社首：張寵；隆慶肆年十月金妝神像，社首：張增、張守職、張天爵。

塑匠：杜伯川同男杜廷印。畫匠：張□己、王以竹同弟王以梅、男王□。石匠：黃應元、□男黃紹、侄黃萬同鐫。本廟焚修王屋天壇山紫微宮住持道士劉守春。

大明隆慶肆年歲次庚午冬十二月吉日。

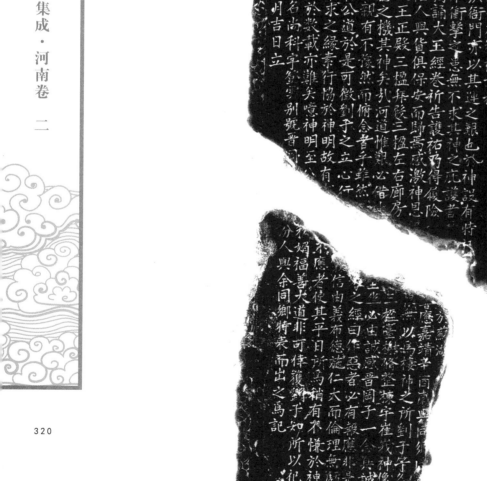

121. 創建金龍大王神祠記

立石年代：明隆慶五年（1571 年）

原石尺寸：高 209 厘米，寬 84 厘米

石存地點：焦作市博愛縣鴻昌街道大王廟

〔碑額〕：創建金龍四大王神祠記

創建金龍大王神祠記

黃河之水發源昆崙，過積石龍門，達於徐淮，入於海。然自伊洛而上，兩山壁□……通自廣武而下，地方廣潤，盤曲縈迴，水勢稍殺。然初出山澗，濟騰之性未□……帝府，特封大王為黃河福王，而沿河一帶皆有神祠焉。我朝糧運自淮而上，設管河管洪衙門，亦以其運之艱也。於神設有特祀□……濤起伏之虞，泊者憂其堤岸衝擊之患，無不求其神之庇護者。晋□□□□於蘇湖□……則舟中之人皆膽落，劉子獨誦大王經卷，祈告護祐，乃得履險，如□□□□應。嘉靖辛酉歲，與同鄉□□□……鎮，咸慶其離風濤而就平陸，人與貨俱保安而歸焉。感激神恩，□□□□恨無以為棲神之所。劉子等各出已資，數□□□□石鳩夫，工不數月而落成。大王正殿三楹，拜殿三楹，左右廊房□□□□三楹，臺榭修整，棟宇崔峨，神像儼然，從使分列□□，睹之者咸起敬焉。嗚呼！感應之機，其神矣哉！河道惟艱，必借神□□□□幽必由誠，感晋崗子一念真誠，達於神明，如孝子之慕於親，忠臣之敬其君。而君親有不豫然而俯念者乎？雖然，□□□□考之經曰：作惡者必有報應。非是殘刻，懲惡宜然。作善者俱享亨通。靡市私恩，用彰公道，於是可徵劉子之立心行□□□□信由義，布德施仁，大而倫理無虧，小而事物必謹。其所以商販財貨，亦必於道義中求之，緣素行協於神明，故有□□□不應者。使其平日所為，稍有不慊於神，則雖禱而未必應，雖求而未必祐，欲獲平康之福於數載，亦難矣。噫！神明至公□□私媚，福善大道非可倖獲。劉子知所以祀神為報，而其素行之□於神又其不自知者。劉子名尚科，字登雲，別號晋崗子，□□汾人，與余同鄉，特表而出之為記。

賜進士第進階資政大夫累加從一品俸級山東布政使司左布政使陽城西□……

賜進士第中憲大夫整飭固原等處兵備陝西按察司副使陽城田□……

賜進士第朝議大夫撫治商洛等處地方陝西布政使司左參議陽城慎□……

大明隆慶五年歲次辛未正月吉日立。

重修北鄉鎮成湯廟三門記

進士文林郎知威縣事昭養陸楗撰

蓋聞諸先儒法始乎伏羲而傳乎黃帝堯舜傳乎禹傳乎湯數聖相傳皆守一道至後人乃有謂五帝聖之聖歟鄉人而未優湯有慚德之說或者爲汲汲以德之分與傅賢傅子之別與是皆不經之論聖不理之口抑是知湯爲一代之聖歟入聖域而未優湯有慚德之說或者爲汲汲以功以德之分與傅賢傅子之別與是皆不經之論也予郡城西北鄉鎮舊有成湯廟盖古蹟也歲久圮壞榛莽翳如吾一鎮父老慨然而悲曰夫成湯吾之聖也乃而傾圮必使廟宇環堵之重新之……

（以下碑文漫漶，不能盡識）

隆慶二年二月廿七日落成於次年四月碑石立

楊桐書

122. 重修北鄉鎮成湯廟三門記

立石年代：明隆慶五年（1571 年）
原石尺寸：高 190 厘米，寬 83 厘米
石存地點：焦作市沁陽市博物館

重修北鄉鎮成湯廟三門記

盖聞諸先儒法始乎伏羲，而傳乎帝堯，堯傳乎舜，舜傳乎禹，禹傳乎湯，數聖相傳，皆守一道。至後人乃有謂五帝聖之聖，禹入聖域而未優，湯有慚德之説。或者爲以功以德之分與傳賢傳子之別與？是皆不經之論，誣聖不理之口也，抑豈知湯有大功德於世，□爲萬代之所景慕者乎？粵稽古祀典，曰："能禦大災捍大患者祀之，有功德於民者祀之。" 矧成湯爲一代之聖帝者耶，其可祀也，誰曰不宜？茲固不易之論也。予郡城西北鄉鎮舊有成湯廟，盖古迹也。歲久圮壞，榛莽翳如，□□狼藉，覆像仰□，交委廟中。兼以火災，三門煨燼，而護廟之神將杳無孑遺。鎮義士楊蓮等乃愴然而悲曰："夫成湯者乃吾一鎮之□神。廟宇乃妥神之所，而三門神將又所以輔乎神而福乎吾民者也。故以之和風調雨而鼓舞潤澤乎禾稼，以之而降氛黜邪而佑保護黎平黎庶者，皆其所攸賴焉。今若此，則妥神無所，或以致神明之恫怨；護廟無神，或以致禁呵之廢弛。此果誰之□哉！故在郡則有司之責，在鎮則吾民之責耳。" 於是慨然自捐資業，不吝百金之費，而爲修理創建之舉，遂使廟宇環堵□乎維新，三門神將巍乎□建。不惟聳士女之觀瞻，而所以爲妥神而福民者，視昔爲有光矣。鎮民馬景先樂廟貌之重新，表楊君之行義，不忍没其善也，請予爲記。始道其事次紀之。是役也，經始於隆慶二年二月廿七日，落成於次年四月初十日。因繫之以詞曰：

成湯之功，庇民無窮。成湯之德，配天無極。世衰道微，多事淫祠。明德之遠，誰其思之。粵有楊君，是宮新作。爰居爰處，至誠感神。勒石載書，用彰厥迹。行山蒼蒼，河水泱泱。神功永賴，國祚其昌。

鄉進士文林郎知威縣事昭庵陸槐撰。

功德主：楊純，侄楊蓮、楊菊、楊芍、楊學詩、楊荷、楊梅、楊□。

木匠：張南。泥水匠：劉景如。丹青：劉□。石匠：王守紳、張臣。

同立。

隆慶五年歲次辛未三月之吉，郡庠生虹橋楊桐書。

祭衛源神碑文

維萬曆元年春二月辛巳朔越二日壬午衛輝府知府王秀爵謹

以牲羊香品之儀敢昭告于

衛源之神曰嗚呼國以民為本民以食為天今自春不雨者三月

矣二麥就槁三農歉望其將何以為食乎此皆天爵奉職無狀

上干天和之所致也然水旱太守下職罪坐太守今以牧牧百姓紳

其謂何然明有太守逖有吾神茲明雖殊與民同憂患之心

也況神職祠靈源與有雲雨之責有尚其鑒子赤衷請命于

帝油然雲沛然雨使二麥淳然而秇以洽百姓矣天鑒無住懇切

饗祈卿之至尚

輝縣知縣張一通列石

123. 祭衛源神碑文

立石年代：明萬曆元年（1573 年）
原石尺寸：高 190 厘米，寬 79 厘米
石存地點：新鄉市輝縣市百泉衛源廟

祭衛源神碑文

維萬曆元年春三月辛巳朔越二日壬午，衛輝府知府王天爵，謹以豕羊香品之儀，敢昭告于衛源之神曰：嗚呼！國以民爲本，民以食爲天。今自春不雨者三月矣，二麥就槁，三農歎望，其將何以爲食乎？此皆天爵奉職無狀，上干天和之所致也。然太守不職，罪坐太守，今以殃及百姓，神其謂何？然明有太守，幽有吾神，幽明雖殊，與民同憂患之心一也。況神職司靈源，與有雲雨之責者，尚其鑒予赤衷，請命于帝，油然雲，沛然雨，使二麥浡然而興，以活百姓矣。天爵無任，激切祈仰之至。尚饗！

輝縣知縣張一通刊石。

124. 重修九龍聖母祠記

立石年代：明萬曆元年（1573 年）

原石尺寸：殘高 120 厘米，寬 73 厘米

石存地點：洛陽市高新區辛店鎮龍潭寺

重修九龍聖母祠記

洛城之西四十里許有延秋里者，林木森然，比閭翼然，往……九龍聖母祠，歲久湮没，遂失其處，蔓草離離一荒谷，然嘉……之，因命工疏鑿，以求其源，不數日得磚甃一池，宛然如……修於漢武元光二年六月十有九日也，遠近聞之，捐輸……龍香火之位，殿之下汪汪而清冽者，池之淵泉也。又其……之社首：崔上、□德盈、閆滿、岳萬衢、陸綱、李茂輩詣余求一言，以識不朽。余方……堂，塑以形像，丹堊塗臒，燦爛輝煌。凡遇水旱疾疫必禱，以……迂而詎龍者，不亦降□誕耶。余應之曰：幽明非二理，人……勃之敬乎？升其堂，則齋肅之孔赫昭對越也，非駿奔在……稯，非身心性命之資乎？瞻其峰巔而思以奠，安其棟宇……應之，而必速霖雨潤澤乎？蒼生風霆鼓舞乎？萬物又……□戾不經，大有倍於吾道者矣，是可不紀其始末哉？

府庠生竹溪薛□□□……

賜進士第通議大夫南京刑部右侍郎前……經筵邑人柱峰王正國撰，廩生王官，王□□。

中順大夫河南府知府覃六□。

萬曆元年歲次癸酉夏五月十日。

詠百泉 二首

濟南七十二名泉散出坡陀百里川未秘共域祠下

巢餅出畫欄前

半窟風雨山頭樹十頃玻璃水底天孤客南來更無著

宜只有百門泉

元翰林學士鹿菴王磐書

大明萬曆四年歲次丙子中秋吉旦裔孫王開刻石

125. 咏百泉詩碑

立石年代：明萬曆四年（1576 年）
原石尺寸：高 160 厘米，寬 65 厘米
石存地點：新鄉市輝縣市百泉風景區

咏百泉二首
濟南七十二名泉，散出坡陁百里川。
未似共城祠下水，千窠併出畫欄前。

半空風雨山頭樹，十頃玻璃水底天。
孤客南來無著處，相宜只有百門泉。

元翰林學士鹿庵王磐書。
大明萬曆四年歲次丙子中秋吉旦裔孫王開刻石。

明（二）

新鄉縣

新南京陝西道

合河店石橋記

察御史新鄉縣儒學教諭

新鄉縣南路洞于廳昌婿方

定任　天辰　　書

篆額

夫合河新鄉鎮店也距縣二十餘里由古共而避新衛接洪津泉重波衍京師九商賈貨殖車儲運香賴為戎

朝士議制宜氏西橋梁末始少廃兄合河者忘之蓋也建

承命來治斯已經歷詔期君代徒涉惻於曰离慈天下之由已淑之于產市汲乗溝溢有之內吾吾迄慈兹坐視而不為橋五葦逵

老父朱寵者為寵因陳詞咨上妗益曰離堠堤遠容添有之兵寺奉迎怒然坐視力醒成此于作辰起易鎮廉給兵辰石集金

二者備而大事可焉于是斯草可申之本有在過末有欄雖云之兵之葬龍門素皇之驅鳥之鴛鼐禹雖命医外工以堂其事者則皆寵華而理

律力者為之也吳技也防扗申易隟而為廣終之变王而七於水有召雞良無葛涉之兵與無源輸之危雖雲財助後士按土民之慈而金医斜工以堂其事者則皆寵華而不視覆會留俚寄以軍記

心律力者為之也是故旣然足成之於自是吳無葛涉之兵與無源輸之危雖雲財助後士按土接留俚寄以軍記於萬氏不

爲昔人曰瓶河洛而爲廣終之變王而七於水有召雞功慈慈瑞賞此之謂也歲丙于春余南迆制辦後召橋故英車記無以傳去還不規戴膚留俚寄以軍記於萬氏不

一者

新皇頌詔而錫龍壽官誰云不重書所詞總慈慈龍瑞賞此之謂也歲丙于春余南迆制辦後召橋故英車記無以傳去還不規戴膚留俚寄以軍記於萬氏不

云云

新鄉縣丞謝成甃

典史顧一鵬

賜進士直隸南京巡按監察都御史郭度橋

賜進士四川承政新吳科都給事中渾開王　焕張朱玫　聽猛趙如松朱敬郭嘉劉兹　令張埠行

儒學生員張焕朱玫

萬曆五年歲次丁丑季夏六月生旬吉旦

金再

126. 新鄉縣重修合河店石橋記

立石年代：明萬曆五年（1577 年）

原石尺寸：高 135 厘米，寬 50 厘米

石存地點：新鄉市新鄉縣合河鄉合河村龍王廟

新鄉縣重修合河店石橋記

夫合河，新鄉鎮店也，距縣二十餘里，□有大川□曰御河，發源出自蘇門山，由古共而逝新衛，接淇漳衆會，派衍京師。凡商賈貨殖、軍儲遭（漕）運胥賴焉。我朝稽古，議制宜民，而橋梁未始少廢。況合河者，邑之通衢也，建橋廣遠，其原莫記。至嘉靖丙午，縣尹鄒翁令鄉逸朱恭等重修石橋五寶，迨今歲久，沁水傾圮。歲辛未……承命來治斯邑，經歷留期，見民徒涉，惻然曰：禹思天下之□，由己□之。子産亦以乘輿濟溱洧之民，吾奚忍怊然坐視而不爲之所乎？遂謀諸士夫，詢諸鄉耆，僉……老人朱寵者薦，寵因陳詞諸上尹，皆曰：蘇堤遺愛，鄭渠爲利，自古宜也。責委諸子，不可不慎。寵曰：鳩工無肆，器用不預，厥功匪成。乃于作房建焉，饋廩給焉，灰石集焉……三者備，而大事可舉。于是鼚斯革斯，易隘而爲廣，經之營之，更五而爲七。分水有石，邊界有欄。雖云施財助役出於士民之衆，而命匠糾工，以董其事者，則皆寵輩……心律力者爲之也。是役也，肪於壬申之春，訖於是歲之冬。自是民無病涉之患，輿無濡輪之危。雖夏禹之鑿龍門，秦皇之驅石駕虹，鄧文之鑿石通道，殆异事而理……焉。昔人曰：睹河洛而思禹功。吾亦曰：睹斯橋而知寵績。其視商羊起舞，不爲禦水之防，□鯨怒濤，忍視橫流之禍者，相去又何如耶。維時新皇頒詔，而錫寵壽官，誰云不宜書？所謂德懋懋官，功懋懋賞，此之謂也。歲丙子春，余南巡制歸，復留於兹冀，弗記無以傳世，乃不愧剪膚，留俚言以垂記於萬代不朽……云云。

南京陝西道監察御史前知新鄉縣事洪洞于應昌撰文，新鄉縣儒學教諭南陽趙楫書丹，訓導保定任天民篆額。

新鄉縣縣丞謝成鰲，典史顧一鶴，賜進士直隸南京巡按監察都御史郭庭梧，賜進士四川參政前兵科都給事中梁問孟，儒學生員張焕、張宗政、梁聘孟、趙如松、朱敬、郭嘉安、路檢、張時行。

萬曆五年歲次丁丑季夏六月上旬吉旦同立。

重修崔府君廟記

本府城東二十里名天平淆廟曰崔府君蓋古神之功德載在祀典班班甚著姑述所聞何

異長而孝廉于真觀……過人又無私狗之他如陰斷朝鬼而……十水面萬物被生成之惠……

……府尹……令成父……風雨比壞無以安神靈而禰瞻仰然以……

……重都聖代……龍舞鳳金碧爭輝奇……草琪花丹青炫曰若夫幡蓋飛揚實補中之創造龕區久舊

……武……捷逯廸並玄比譽吾每……歟其功偉歟雄然曰……護國庇民神之戰也……神之錫福于人者

……無三不……不辭佃……祈無窮之福者朝廟等與之也……報功人之……于……祈之也

……神入兩便朝瀾等其昌后……

衛輝府署府事通判歛……進行修理

明萬曆貳拾年歲次壬午季夏吉旦嵩崖生翠亭石利賢摸贊拜撰

　　　　　代書吴人王科書

化緣香首付朝用郭朝相歛堂　奉祀

立石

127. 重修崔府君廟記

立石年代：明萬曆十年（1582年）

原石尺寸：高198厘米，寬69厘米

石存地點：新鄉市衛輝市城郊鄉府君廟村

重修崔府君廟記

本府城東北三十里名天平，有廟曰"崔府君"，盖古刹也。神之功德，載在祀典，班班甚著，姑述所聞，何如？且神之生也，幼而穎異，長而奇麗，舉孝廉于真觀，擢縣尹于長子，德政過人，了無私徇之事。他如陰斷陳曾之疏圃，而四海稱平；治米寶奇之射兔，而天下歸善。戮巨蛇于水面，萬物被生成之惠；誅暴虎于階下，兆民沾生育之恩。如此之類，不可枚舉。由是而生詔府尹，由是而没爲府君，一達而爲護國嘉應侯，再封而護國西齊顯應王。始祠于大山，今遍于天下，稱雄于衛地。即此廟也，迄今歲久，風雨圮壞，無以妥神靈而稱瞻仰矣，又安望其登五穀而萃民福哉？本村居民付朝用、郭朝相、歐堂、王友功、付子立等，心性純篤，素好善，每焚香火，心俱惻然。以狀聞于本府，蒙批准行修理，于是經營量度，聚料鳩工，整飾殿宇，重新聖像。或盤龍舞鳳，金壁爭輝；或瑶草琪花，丹青炫目。若夫旛熾飛揚，實補中之創，座龕堅久，舊中之新。門壁垣墻，無一不飾。擬諸蓬萊，比諸仙境。其功偉歟，其功偉歟！雖然，護國庇民，神之職也，崇德報功，人之心也，神匪人無以血食，人匪神無一康生。祀典綿綿，后人因之而祈無窮之福者，朝用等與之也。調風雨登五穀，神之錫福于人者，朝用等祈之也。神人兩便，朝用等其昌后乎！于是爲記，樹諸短石，用垂不朽。

衛輝府署府事通判薛選准行修理。

衛庠生翠亭石邦賢頓首拜撰，代書野人王科書。

大明萬曆拾年歲次壬午季夏吉日，化緣香首：付朝用、郭朝相、歐堂、王友功立石。

木匠：王鳳。泥水匠：劉尚仁。鐵匠：李守銀。窯匠：宋春。鐫字匠：劉連。

本廟住持道士倪太平。徒弟……

334

128. 陽武縣白廟村新建金龍大王聖母百子神殿碑記

立石年代：明萬曆十四年（1586年）

原石尺寸：高224厘米，寬85厘米

石存地點：新鄉市原陽縣白廟村大王廟

陽武縣白廟村新建金龍大王聖母百子神殿碑記

夫盈天地間皆是氣也，是氣皆道之所在也，是道皆神之所爲也。記曰：凡有功德於民者祀之，能禦灾捍患者祀之，境內山川者祀之。洪惟我太祖高皇帝驅逐胡元，大一統于宇內，名山大川，咸用封遍，祀典以主之，所以新命也。乃沁水四周之匯也，源自山西沁州，流入懷覃，涉陽武境，由黑洋山經白廟村東南達黃河，故誌中州水者，列黃沁交流，暴水患□決，民無定居，不能桑田，今□場□壤，民人卒不有神功，奚而奠安。至若乾道成男，坤道成女，母免産難，子得保全。痘疹疢疾，寒暑不侵，灾害弗作，不有神功，其何能耶。維時鄉之父老善士相與謀曰：我輩烝民乃粒，家其用康，身其用寧，皆神功捍禦也，念茲戎功，可無祠宇以崇報乎？僉曰：神之惠我無疆也，□建諸祠祀之。于是即其土宜之善者立祠焉，乃繚以垣墻，樹以林木，上創大殿，以依河神之主，左祀仙母以繳福利，右祀天妃以祈子嗣，前建門檻以便神道。棟宇軒豁，金碧輝煌，巍然一方之保障也。由是落成之後，春秋順成，雨暘時若，子孫蕃衍，田産增益，民安物阜，時有祈望，輒應如響，神之聽之，感格如斯。可庶記以詔厥後，□知歲月始終乎。王者松之，華亭人，金姓，字貴，行四，有善果，上帝命爲黃河福主、金龍大王，其封號云聖母聖妃，天真靈爽，咸上古追賜號云。是舉也，善士吳自江，母氏楊姓者、吳文德之室人，率會其衆善士陳朝陽、郭詔才、吳自顯咸同事斯舉也者，餘悉勒諸碑陰，以垂諸不朽云。

衛輝府教授劉祖修撰，邑庠生王道明書。

王鉞、樊任、王得寧、賈全、郭表、劉朝舉、張九遠、柴憘。

皇明萬曆十四載冬□月望日立石。

明
（二）

129. 張應登游百泉詩碑

立石年代：明萬曆十五年（1587 年）

原石尺寸：高 150 厘米，寬 46 厘米

石存地點：新鄉市輝縣市百泉衛源廟

萬曆丁亥秋季，同邢唯□司理游百泉。

理檝百泉裏，如聞鸞鳳鳴。亭萌珠燦燦，波洒樹森森。濯髮散明月，褰裳清素心。盤桓不能去，中夜酒頻斟。

洗心亭主人張應登玉車父書。

萬金渠修治記

130. 萬金渠修治記

立石年代：明萬曆十六年（1588 年）
原石尺寸：高 310 厘米，寬 106 厘米
石存地點：安陽市郭朴祠

〔碑額〕：萬金渠修治記

萬金渠修治記

按郡志：洹水發源上黨，逕林慮入安陽境高平村。萬金、高平二渠，同出洹水而流別。始魏武起石堰，引洹入鄴，逕臨漳東，達洹水縣，漑田有萬金利，故名。古迹久湮已。唐刺史李公景，自高平堰水置渠東流，漑村二十，至郡西郭南流，越官道東入廣潤陂。後人以舊稱萬金名美，大書刻石置官道上，然實高平渠也。萬曆乙酉、丙戌兩歲，雨暘愆期，河北大歉，禾麥罕成，流移載道。彰德知府漳平陳侯，夙夜殫心拯救，若恫瘝厥躬，博采群策，謂洹水歷代治渠漑田，厥利甚溥，高平古渠湮圮歲久，宜尋舊迹修浚，興利賑荒，二政兼濟。郡侯閩產，習知水利，協議於同知清苑王侯、通判垣曲趙侯、推官內江張侯，行田相度，經畫規制，鳩材選工，因勢順導，以安陽知縣興安劉侯董其事。維時，上簡命都御史洪都袁公來撫兩河，入境，深憫時艱，大修荒政，班教郡邑發倉廩、興工役、修城池、浚川渠，豫防微興利，因散粟以寓賑。郡侯業治渠事，即以上請報可，繼請允于監史吳郡徐公、廣平王公，上下銳志竭思，分任率作，程勞授粟，厚直寬庸，群力競勸，羸瘠雲聚，賴以全活者甚衆。功將半，劉以憂行，郡倅張侯攝邑篆。四閱月，綜理周密，拊循備至。新城劉侯嗣來，和衆飭功，克襄厥成。

渠堰砌以巨石，空洞長五尋有奇，闊四之一。前閘啟閉以時，四隅石作雁翅，內制奔湍，外導溢流，中河石埭橫遏奔悍。堰上疊石爲基，廟祀玄武，重軒前覆，石檻外環。渠左創築巨堤里許，下石上土，防秋泛漲。堰口兩傍石岸長闊有差，迤東間置小閘七，以便蓄泄。且分支渠數十，循渠浚築，逶迤抵廣潤陂幾百里。官道東置堰，漳水逆入城壕，周圍崇墉，北置小閘，泄歸大河。後仿古制造龍骨水車、桔槔諸器，授民經始。丙戌夏六月至丁亥訖工，最傭夫匠十三萬有餘，費穀八千石，漑田頃畝，不可勝計，收穫視他處獨饒。

夫用天之道，因地之利，民事之要也；難與慮始，可與樂成，民俗之恒也。水之性，導之則順而利興，壅之則逆而貽害。所貴仁人在上，倡率之有道爾。蓋俗多安於故常，而事每憚於興作，即茲渠之廢興可徵已。今際兩臺袁公、徐公、王公，教詔於上，且行部臨視守巡，藩參晉陽戴公、任丘徐公、憲副桐鄉馮公、東萊齊公，按郡督成。郡侯始終盡力渠事，加惠惸黎，暨諸僚寀，咸著勤勳。茲渠一開，郡蒙永利，歌頌諸公之仁政，未可以世數計也。善乎！

崔文敏公之論曰："渠之利，不其大哉！凡渠皆引名川，石水得泥數斗，且漑且糞，長我黍稷。春夏不雨，汲灌園蔬，足裕乏絕。西門史公之績遠矣，自魏暨唐李仁緯以來，所開諸渠湮廢已久，予少時猶見高平之利。夫水徙無恒，暴長則塞，相地因勢，彼塞此開，存乎人焉耳。"真名言也。郡守勒石，紀績垂後。朴爲載筆，且有感於文敏公之論，故附載云。

賜進士光祿大夫少傅兼太子太傅吏部尚書武英殿大學士郡人郭朴撰。

萬曆十有六年歲次戊子春三月既望。

131. 重修湯帝廟三門施財碑

立石年代：明萬曆十七年（1589年）
原石尺寸：高48厘米，寬84厘米
石存地點：焦作市博愛縣柏山鎮上屯村湯王廟

維大明國河南懷慶府河內縣清上等鄉各圖不同人氏，見在廣濟屯等各村居住，清信奉道祈福，重修本境古迹湯聖帝三門壹所。施財人等開列于後：

計開會內人等：

張京、張太成、張成、張連、張士吉、焦九思、焦視思錢一百文。魏彩鳳、焦本思、焦蘭、魏告、張得時、焦永禄、張鳳、焦□□、杜見、焦富思、張卷、□九臣、秦得才、焦茂思、魏□、□□思。

運村馮濟施錢一百五十文。馮□器施麥一斗。馮賢施麥一斗。馮尚又施麥一斗。馮金麥一斗。馮仲麥七升。馮封村常漢穀麥四斗。本村：焦九尊錢五十文，焦九恕錢廿文，王文光錢卅八文，張志忠錢卅文，秦加勉錢廿文，張三戒錢廿文，張九連錢卅文，秦加吉錢廿四文，張保錢七十文，張秋錢廿文，焦容思錢四十文，魏忍錢四十文，秦加禄錢四十文，張國卿錢四十六文，魏鳴善錢一百文，魏九思錢六十文，魏汝七穀二斗，□九通錢十五文，應冬錢十五文，梁世寵錢卅文，蘇尚仁錢四十六文，靳國用錢卅五文，魏三省錢四百文，魏汝南錢卅文，魏勤錢四十文，師就琴錢四十文，王守倉錢卅文，李桂錢廿七文，陳詩錢五十文，魏汝凌錢五十文，魏鳴時錢六十文，焦永禄施麥九斗，焦從思錢四十文，蘇現錢五十文，秦加猷錢五十文，焦得進錢廿文，王五常錢廿文，賈得安錢廿文，魏章錢廿文。

泥瓦匠：□大倉、張成、杜現，施捨工價。

化緣人顯松□。立石。

皇明萬曆拾柒年五月十六日。

132. 新修善橋碑記

立石年代：明萬曆二十年（1592 年）
原石尺寸：高 90 厘米，寬 47 厘米
石存地點：洛陽市偃師區偃師博物館

〔碑額〕：新修善橋碑記
新修善橋碑記

《史紀》殷商都於亳鄉，今偃師也。故志偃先帝亳，以逮自太古然矣。偃之東有鎮曰孫家灣，□莊舊有溝曰挖平溝。□爲路，東極吳越，西抵秦晋蜀，徒行于斯，輿行于斯，□販湍淮者，亦聚于斯，蓋通衢也。奈歲久洛河上寖溝水，下損行者，有趑趄之□。居民袁君世愛、王君守京罳然歔欷曰：斯路乃九達之所，圯壞如是，其何以行也。各捐帑發資，鳩工運石，兩幅高壘數尺，中豪丈許，自下□砌成階十餘級至街路，以大石平鋪，灌以灰土，□□怕山水，無得以浸□，人皆鳴鳴稱便，雖歲久時易，而此路終不能□洪溢甚，□□□是績也，經始于□春哉。生魄越月上浣告成，二君以□土人也，畬畗□執，鑿石擦土，言□□且□不朽勛庸，并現世之人矢口而譚，若有施濟之義，及臨財之際，艱嗇□□□□，安所稱義也。二君以生平辛苦之積，不假愨恩，一旦輸之，成百世利民之功，其心胸意氣高出尋常萬□矣。古喻義之君子，其在斯人與。《詩》曰：君子萬年，求錫祚胤。觀斯橋也，固知後必昌矣。即《詩》所稱何加焉。袁君字子敬，號迅川，本縣人；王君字君哲，號仰山，河陰人。法當并書，爲後鑒也。

帝亳淨士崑山石韞玉、齊待甫撰文并書，□吾朱國器、珍夫甫題額并篆。

袁世愛、王守京同子袁大器、王佳嗣、袁大經、袁大胤立。

石工張天壽、趙永鎸刻。

大明萬曆二十年二月吉日。

明（二）

133. 滑縣永寧鄉留店里重修東嶽行祠記

立石年代：明萬曆二十年（1592 年）
原石尺寸：高 149 厘米，寬 67 厘米
石存地點：新鄉市延津縣位邱鄉白廟村

〔碑額〕：重修東嶽行祠碑記

滑縣永寧鄉留店里重修東嶽行祠記

神者陰陽不測，□謂無在而無乎不在，無爲而無所不爲也。若禮之正誠之萬□□□，則有感人通……則見若曰未□□凌，而不在於此，豈禮也哉。滑縣古東郡也，東嶽天齊仁聖行祠□於五代唐明宗天成四年，後因河決衝湮。大定年重建廟宇。後隆慶三年，雨水……迄今不知幾興廢，□□修葺，不過僅庇風雨而已。萬曆二十年春三月，本里翟衍□、尚述士、扈得寬等……岱宗東方之鎮山也焉，四岳之尊，司生死之籍，專禍□之□，□猶如斯，何以妥靈□□□□□善夫修之責……於神人，於是施財□植，輦土陶甓，經之營之，衆首攻之，星甫周而落成。締……後寢……貌堂堂，侍從森列。傍設衆司，曰照□，右曰蒿里相□百兵卒，罔不畢□，下至歌獻有……周……餘祠允爲整肅。來徵文以記之。差乎。名山大川齊國者，得以旅□世以神……奔……俗使然，毋足怪也。《中庸》云：神之爲德，其盛矣乎。使天下之人，齋明盛服以承祭祀，瞻□□□。嗚呼！獻□幣薦牲……瞻仰之間，善心油然而生，惡念渙然而散，則朋酒斯饗，而獲□簡穰之祉，否則□□□□供鐘鼓鏗鏘，日拜……其顧哉，是誠不可誣也。於是乎書，以爲將來者勸焉。

文淵閣大學士國子監祭酒宋訥七代恩賜生……（撰）邑人……（書）

萬曆二十年歲次壬辰春三月之吉。

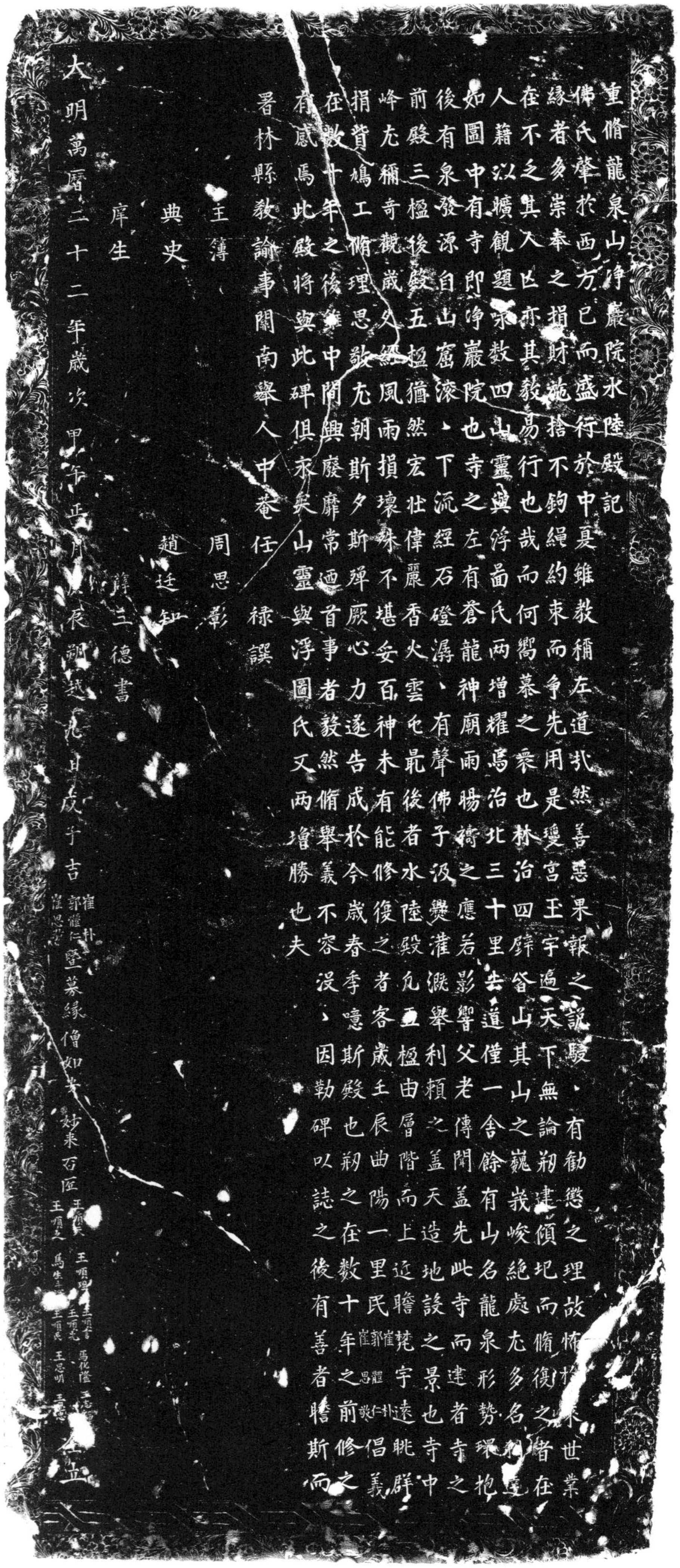

重修龍泉山淨巖院水陸殿記

佛氏肇於西方已而盛行於中夏雖其教稱左道北然善惡果報之說駭其山無論荊榛歲之傾頹而脩復之未世抱道在業

緣著之多崇之捐財施捨不鈞繩約束而左道北然是善惡果報之說駭其下山無論荊榛歲山名絕處而尤多禪中之群而之義群

人籍以媵入觀題錄其教院四山寺靈之與浮石有礎香火神廟磬鳴暘晹將于修陸若灌溉者意因斯勒殿也辰荊以誌之後有十年之善者睹斯而

如圖中有寺即淨錄也下流經石堪心妥雲屯有佛蔣者今歲應客之春沒

前後殿稱奇觀後歲毀又五窟巖猶鳳朝雨夕常損壞斯山靈與浮圖者氏毅又兩增勝也夫

捐貲十年此殿將葺思中間龍興朝興廢靡常山靈與浮圖氏毅

在感焉此殿將

有林縣教諭事聞南舉人中奄任祿誤

署典史周思影

王簿趙廷鈕

庠生薛三德書

太明萬曆三十二年歲次甲午正月丙辰朔越九日歲于吉

崔扑郭羅仁暨募緣僧如果來石匠王貢奴妙

王顯思馬花隆王德明

崔思郭崔楚

王顯思馬生主王貢文王忠明尋立

134. 重修龍泉山净岩院水陸殿記

立石年代：明萬曆二十二年（1594 年）

原石尺寸：高 197 厘米，寬 81 厘米

石存地點：安陽市林州市河順鎮馬家山村武平寺

重修龍泉山净岩院水陸殿記

佛氏肇於西方，已而盛行於中夏。雖教稱左道哉，然善惡果報之説，駸駸有勸懲之理。故怖於來世，業緣者多崇奉之。捐財施捨，不鉤繩約束而爭先，用是瓊宫玉宇遍天下，無論創建，傾圮而修復之者，在在不乏其人，亡亦其教易行也哉，而何嚮慕之衆也。林治四壁皆山，其山之巍峨峻绝處尤多名刹，達人藉以曠觀題咏數四，山靈與浮圖氏兩增耀焉。治北三十里，去道僅一舍餘，有山名龍泉，形勢環抱如圍，中有寺，即净岩院也。寺之左有蒼龍神廟，雨暘禱之，應若影響。父老傳聞，盖先此寺而建者，寺之後有泉，發源自山窟，滾滾下流，經石磴潺潺有聲，佛子汲爨灌溉，舉利賴之，蓋天造地設之景也。寺中前殿三楹，後殿五楹，猶然宏壯偉麗，香火雲屯。最後者水陸殿，凡五楹，由層階而上，近瞻梵宇，遠眺群峰，尤稱奇觀。歲久經風雨損壞，殊不堪妥百神，未有能修復之者。客歲壬辰，曲陽一里民崔朴、郭體仁、崔思敬倡義捐資，鳩工修理。思敬尤朝斯夕斯，殫厥心力，遂告成於今歲春季。噫！斯殿也，創之在數十年之前，修之在數十年之後，雖中間興廢靡常，乃首事者毅然修舉，義不容没没，因勒碑以誌之，後有善者瞻斯而有感焉，此殿將與此碑俱永矣，山靈與浮圖氏，又兩增勝也夫。

署林縣教諭事關南舉人中庵任禄撰，主簿周思彰，典史趙廷知，庠生薛三德書。

崔朴、郭體仁、崔思敬暨募緣僧如安、妙來。石匠王順天、王順之、王順理、馬生意、王順言、王順光、王順民、馬化隆、王思明、王志福、王思忠同立。

大明萬曆二十二年歲次甲午正月庚辰朔越九日戊子吉。

135. 張其忠詩一首

立石年代：明萬曆二十六年（1598 年）

原石尺寸：高 77 厘米，寬 165 厘米

石存地點：鶴壁市浚縣大伾山

戊戌夏，旱魃為祟，三旬不雨。余步謁大伾山康顯侯祠，祈禱。俄而，雲自西南起，大雨如注，三農望滿。喜而賦此。

岩嶢峻閣拱神京，再謁康祠獨愴情。

似有法龍吟大澤，忽飛石燕出雕甍。

爐烟自繞禪林散，嵐氣全封四墅平。

豈謂微誠通造化，須臾甘沛慰蒼生。

賜進士、知浚縣事濟南獻宸張其忠題。

萬曆二十六年歲次戊戌秋八月立。

明（二）

136. 重修濟源廟記

立石年代：明萬曆二十七年（1599 年）

原石尺寸：高 220 厘米，寬 85 厘米

石存地點：新鄉市封丘縣王村鄉後大馬寺村祖師廟

重修濟源廟記

皇上御極二十有七年，封丘縣治北大馬寺重修濟源廟，工興於萬曆二十三年二月二十七日，落成於本年十一月初十日。父老張沛等刻石請記，聿垂不朽。粵稽先年丁亥，邑溺河水，生齒枵腹，逾歲戊子，疫癘大作，古蒲李侯養質來牧是邑，煮粥施藥，務遍濟是安。躬履阡陌，瞻拜祖師、太山、濟源三廟，睹其廟貌傾彫，丹漆弗飾，穆然咨嗟者久之。乃以疫灾祈禳於神，精誠懇惻，播諸諜律。已而疫灾果息，隨捐俸金二十兩，募民修葺。先是張沛等輸資若干緡，業已葺祖師神祠如式。至是，靳舜臣、牛璉董奉侯命葺太山神祠，面營拜殿四楹，唯濟源神祠貫猶仍舊。暨乙未歲，署篆亞侯王公邦治大懼弗稱，協謀庠士張稽、鄉約郭得賓等，各輸資葺紹二祠之後。既易伏臘，邑侯劉公三畏下令倡之，工始告竣。門御周道，背玄面陽，端神馭也；墍塗宣哲，宇棟構結，妥神靈也。復檐邃殿，廉庌階級，閴肅限閾，序列甲乙，示有禮也；金鋪載扃，瑣牕翼如，厨座靚麗，凡豆蠲滌，著其敬也。歲時禋祀無虞，數百餘家若昭神濟民之澤，而不容忘情于祭報者，美哉盛矣。嗚呼！禦大灾、捍大患，功德庇民者，祀典載之。寧非收放合離，示不忘本之意與。廟制肇自有宋，靖康以來，河朔之地，民室十殘八九，神殿修然獨存，續葺而崇祀者，世更不異，則夫捍禦灾患，匪特一徵于李侯禱之應之已也。夫後之視今，猶今之視昔。雨暘時若，百穀用成，天行勿值，萬姓以寧，又神之至靈，至靈陰騭下民於無涯者，我民崇之祀之，寧有涯哉？視彼作淫祠，愚黔有當，不啻天淵也者。是爲記。

賜進士第欽差整飭霸州道兼理屯田河道山東按察司兵備副使邊有猷撰，廩膳生員劉祖武書，賈謙吉篆。

文林郎知封丘縣事劉三畏，縣丞張堯佐，儒學教諭馬載經，訓導李友梅，主簿趙謙、康皋，典史陳世登。

先修廟而後隨：儒學庠士馬伯亮，趙遵道、牛大猷、葠産、張桂、王士顯、張稽、方一梅、牛自新、趙九埏、趙宗湯。按察司使史朝器，趙祖述、高文彥、張和、汪舟、康寧、汪存性、張三樂、李春敷、周宗堯、溫顯忠。立碑會首張沛，何仲首、王守安、焦養志、牛耕、馬守仁、靳舜臣、徐山、康彥平、胡宗義、郭洗、焦養才、張大才、牛成、郭峨、劉貴、康彥選、史克愛、康彥倫、史守道。修廟會首郭得賓，劉汝增、郭澤、朱永平、郭艾、高登車、汪輔、汪賢、朱孔能、樊大訓、刘子安、張茂、徐守業、汪思敬、郭尚淮、郭巍、郭嵐、郭維乾、郭榮、劉儒、劉卿、劉天緒。施財會首王加儒，劉士魁、趙世枝、薛鳳翔、張文耀、張顯宗、劉守仁、趙應祥、張大亮、劉守心、朱平、張可道、劉儒、武進山、張勇、黃尚才、趙蘭、申汝進、范守瑾、張應高、趙世增、汪九思、薛守明、蔣永賢、徐用、白萬、孫道、馬愛、馬盈、郭會、張學、張才、張九疇、武倉、王愛、樂思堯、王相、焦學禹、郭文學、靳於礼、孫大經、張惟恕、孫大成、陳敖、郭尚朝、牛剛、常孟春、宋景山、袁應福、宋景先、史文科、劉子忠、康守元、牛舉、王思孝、張秋、李伯義、殷可行、殷棟、徐大才、牛大化、王逢秋、石進、陳邦俊、常孟進、鄧染、劉文傑、劉洲、張明、高

金、李孟陽、張魁、郭普、李養冬、王林、李仲、李守金、王守政、武奉亮、王進、王彥聰、牛魁、刘文英、孫守常、郭銀。施工木匠刘守知、刘守節、刘守恭、刘進孝。施工泥水匠徐科、苑寵、朱平、何仲元、薛進孝、薛守己、徐高、張英、王朱。

萬曆二十七年歲次己亥春三月吉日同立。

重修濟源廟工興扵萬曆二十三年二月二十七日落成扵本年十一月初

痛大作古涌李侯養資來牧是邑煮粥施藥務遍濟是安躬阡陌躬拜祖師

懇惻揩諸詩律已而變災果恩隨捐俸金二十西募民偹葺茇茨是張沛等翰遵

唯濟源神祠貫猶仍舊暨乙未歲署篆亞侯王公邦治大懼弗稱協謀簽啟

楹間道背玄宙端神威也堅壁宣哲宇棟搆妥神靈也覩祭報蒼者美

廟墉肇自有宋靖康以來河朔之澤而不容忘扵祭報其而凡

其敬也歲時禓祀無應豐家君昭神漱民之運而不容忘扵祭報草而

告發門御間道背凍以十餘家君昭神殿修然獨存續草

視昔南暢時若百穀用成天行勿值萬姓以寧又神之至靈陰騰下民

友使　　　

亮使　　　

主簿　凍舉　

趙　　典史陳世益

司兵備副使遵有獻撰

馮伯豪　趙遵道

史朝昌　趙祖述

牛大敏

廟膳生員劉祖武書

焦春德　牛　　

佰仲節　王宗安

張沛　

郭得寬　劉汝濟　郭澤　朱永平

趙世增　泚思

劉大邕　　　

士加儒　

賈謙吉篆

張　　張　　

張和　海舜

康寧　

徐山　康彦平

郭汽　焦養才

王士頣

張楷　方一梅

汪存性　張三樂

朗宗義

高登軍　汪輔　汪賢　朱孔能　樊大訓　劉子安

張文權　張顯宗　劉守任　趙應祥　張大亮　劉守心　朱平

孫道　馬愛　馬盈　郭會　張學　張才　張先

鮮鳳翔　

郭尚朝　牛剛　常孟雲　宋景山　孫應福　宋景先

陳敄　

孫大成　

王蓮秋

石進　陳邦俊　

常孟運　鄧樂　劉文傑　劉洲

張明　高金　李　陽　張　崑　郭　

康　　劉子忠

《重修濟源廟記》拓片局部

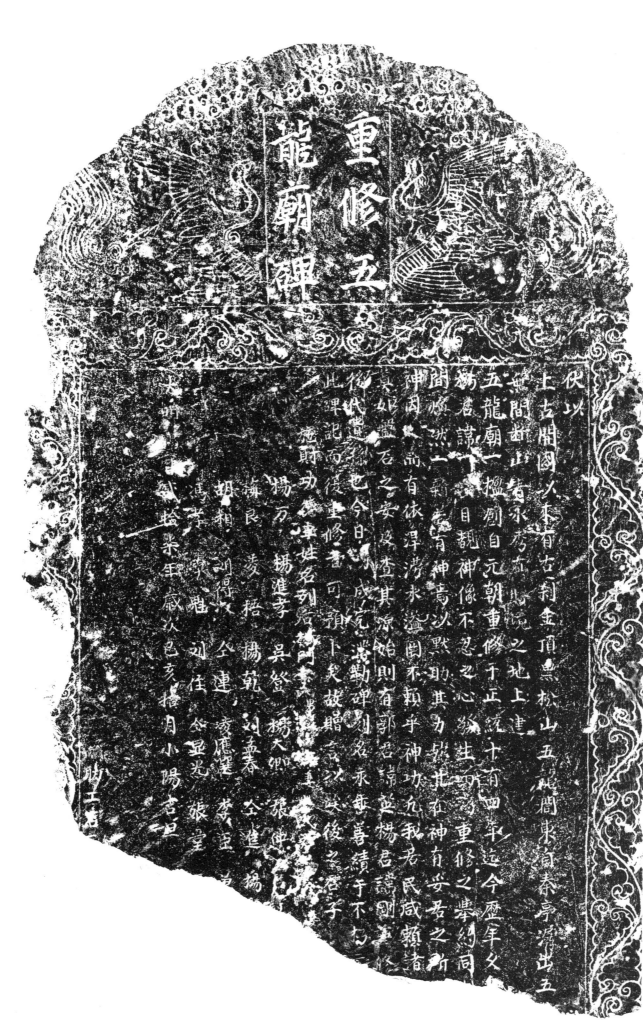

137. 重修五龍廟碑

立石年代：明萬曆二十七年（1599 年）

原石尺寸：殘高 92 厘米，寬 58 厘米

石存地點：洛陽市汝陽縣柏樹鄉五龍村五龍廟

〔碑額〕：重修五龍廟碑

伏以上古開國以來，有古刹金頂黑松山，五龍澗東自秦亭潺出，五□□□……無間斷，山清水秀，真勝境之地。上建五龍廟一楹，創自元朝，重修于正統十有四年。迄今歷年久□□□……楊君諱一者，目睹神像，不忍之心發生，而爲重修之舉。約同□□□……間，焕然一新，若有神焉以默助其力歟！其在神有妥居之所□□□……神因人而有依，旱澇水溢，罔不賴乎神功，凡我居民咸賴諸□□□……莫如磐石之安。及查其源始，則有郭君諱英、楊君諱剛重修□□□……後代遺孫也。今日功成完滿，勒碑刻名，永垂善績于不朽□□□……此碑記，而復重修者，可預卜矣。故贈言以俟後之君子。

施財功德主姓名列后：楊万、梅良、胡箱、馮孝、楊進孝、凌梧、刘得叔、李魁、□門李氏、男□□□、妻、吳登、楊乾、仝連、刘住、楊大卿、刘孟春、凌應選、仝显光、張仲、仝進、李臣、張堂□□□……

大明萬曆貳拾柒年歲次己亥拾月小陽吉旦。

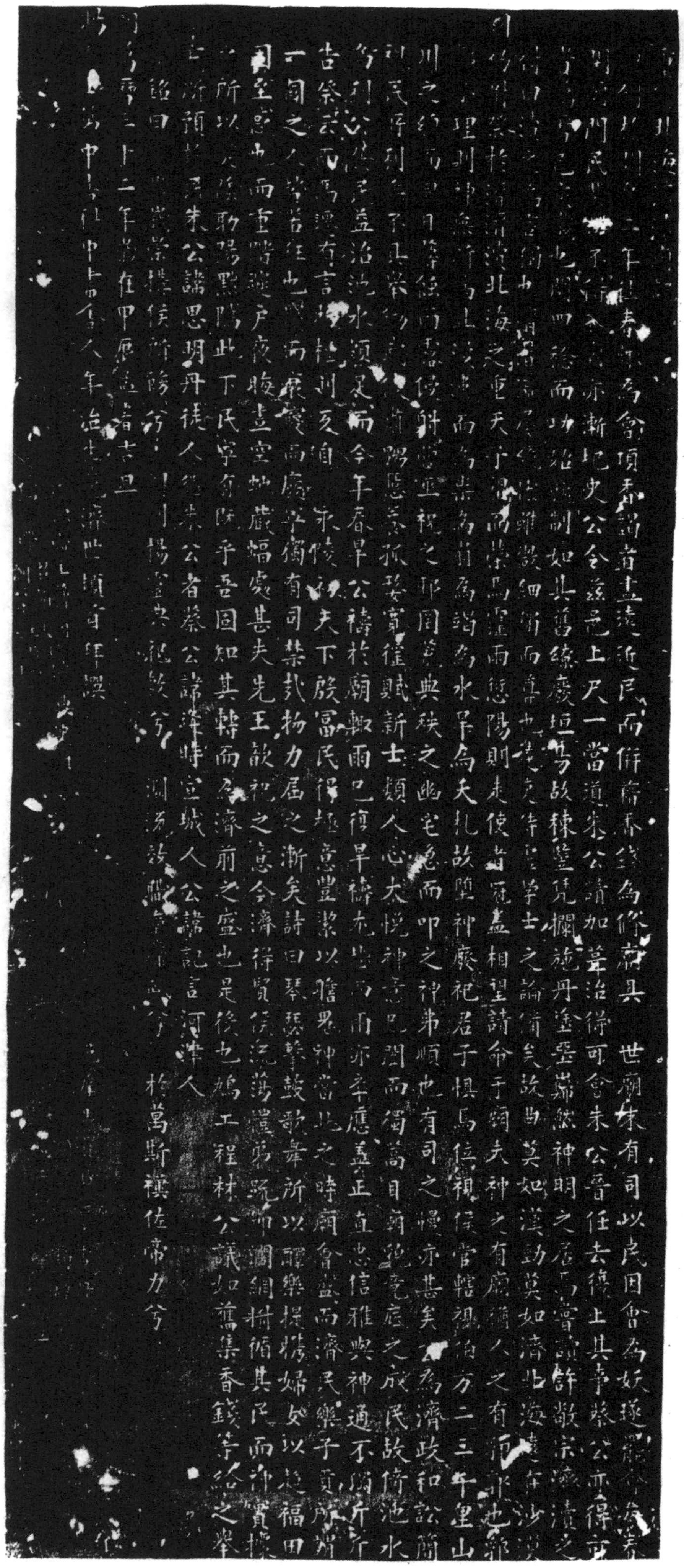

138. 重修北海濟瀆廟記

立石年代：明萬曆三十二年（1604年）
原石尺寸：高194厘米，寬61厘米
石存地點：濟源市濟瀆廟

重修北海濟瀆廟記

廟創於開皇二年，往春輒爲會，頂香謁者，盡遠近民，而併籍香錢爲修廟具。世廟末。有司以民因會爲妖，遂罷會。每春閉廟門，民斐然不得入，廟亦漸圮。史公令茲邑，上尺一當道朱公請加葺治。得可。會朱公晋任去。復上其事蔡公，亦得可。時□晋己亥歲也，閱四稔而功始就，制如其舊，繚廢垣，易故棟，豎憑欄，施丹塗堊，巋然神明之居焉。嘗讀許敬宗濟瀆之祠曰：瀆之爲言獨也。濟瀆□□□狀雖微細，獨而尊也。達吏侍靈，學士之論備矣。故曲莫如漢，勁莫如濟。北海遠在沙漠，因賜附祭於濟，濟瀆北海之重，天子倡而榮焉。霪雨愆陽，則走使者冠盖相望，請命于廟。夫神之有廟，猶人之有郛郭也。郛郭于理，則神無所爲。且漫漶而爲祟、爲崩、爲竭、爲水旱、爲夭札，故墮神廢祀，君子懼焉。視侯管轄視伯，方二三千里，山川之總，而風日薄蝕，雨露侵射，營巫祝之邪罔，荒典秩之幽宅，急而叩之，神弗順也，有司之慢亦甚也。公爲濟政和訟簡，視民所利無不具舉，動武□肅，嬲愿養，孤婺寬，徭賦新，士類人心大悦，神意已□而獨蒿廟貌，竟底之成，民故倚池水爲利。公發民益治，池水頗足。而今年春旱，公禱於廟，輒雨，已復旱，禱尤愍，而雨亦卒應。盖正直忠信，雅與神通，不獨斤斤告祭云。而馮遷有言，物極則反。自永陵初，天下殷富，民得極意豐潔，以瞻鬼神，當此之時，廟會盛而濟民樂。子貢所謂一同之人，皆若往也。寖而衰，寖而廢，寧獨有司禁哉？物力屈之漸矣。《詩》曰：琴瑟擊鼓，歌舞所以醒樂，提携婦女，以趨福田，固至惑也。而重階邃户，夜晦盡空，蛇藏蝠處，甚失先王歆祀之意。今濟得賢侯，流蕩愷弟，疏而潤綱，拊循其民，而神實據之所，以□陰助陽默，驚此下民，寧有既乎？吾固知其轉而爲濟前之盛也。是役也，鳩工程材，公議如舊，集香錢等給之舉，亡所預於民。

朱公諱思明，丹徒人。繼朱公者蔡公，諱逢時，宣城人。公諱記言，河津人。銘曰：

峨峨崇構侯所飾兮，□□揚靈典祀敉兮。淵流效職氣靡忒兮，於萬斯祀佐帝力兮。

明萬曆三十二年歲在甲辰孟春吉旦。

賜□□□中書□中書舍人年冶生范濟世頓首拜撰。

封府儒學增廣生員林會春撰。

浚縣石匠李有倉，本寨齊福德。

萬曆三十□年十一月吉旦立石。

139. 瘟神社碑

立石年代：明萬曆三十五年（1607 年）
原石尺寸：高 114 厘米，寬 56 厘米
石存地點：洛陽市孟津區漢光武帝陵

〔碑額〕：瘟神社碑

油坊鎮建瘟神社完滿工記

蓋黃河之南、邙山之北，漢光武陵寢在焉。區宇浩□，神殿□□□□□松蒼□蔚□□宙奇觀，此其稱最也。前萬曆戊子年，瘟氣遍天下，海內□生血□□□……变哉！吾叔明子公四顧而長太息，擇其近陵西北境開闊之地，建造□□□□□瘟神殿三楹捲棚稱之，內塑瘟神五尊，藥聖王孫真人與其列焉。其爲一方消灾息患，慮至深也。數年以來，乖風氤氣，蕩然盡釋，一時沐德□咏，□□者□□□……報效之捷，若斯之甚也。以故吾父珍，字公，歲八十有五，涉世□久，素知潘明應□，然不爽約，同鄉信士蔣君諱加慶、王君諱加賓，四十八人結爲一社，盟以三年，□□蔣王二君居首焉。其修瘟醮獻牲醴供香楮，齋心虔誠，始終一念，自發無□□□。今值完滿之期，闔社各門納福，諸祥駢臻，總皆默佑力也。伏頭益赫，如在之靈，永□無疆之禧，與黃河同其長流，邙山并其久峙，斯世□□感無極也！故刊石以垂不朽。

邑庠生王華、王謹撰，醮□本觀道士王真素書。

社首：王南金、蔣加慶、王加賓。

蔣門馬氏、王加選、姚天眷、張池、王加猷、王淑滿、王加昇、王□宿、王加乾、王國木、王加會、蔣希孟、王加紳、王君慶、王堯枝、王國順、蔣加祥、王加善、宋周正、周時官、李思敬、王加祥、蔣加順、王六化、王火順、張孟陽、楊桂枝、張九叙、梁三光、高居乾、張萬良、張藍科、王志高、王火元、張□林、劉丑、蔣加賀、王用介、宮天佑、王大用、焦茂、王志太、師邦寵、李尚文、姚先撰、王燦然、王河久、王可大、蔣守木。

石工張遇安鐫。

萬曆丁未孟春吉日。

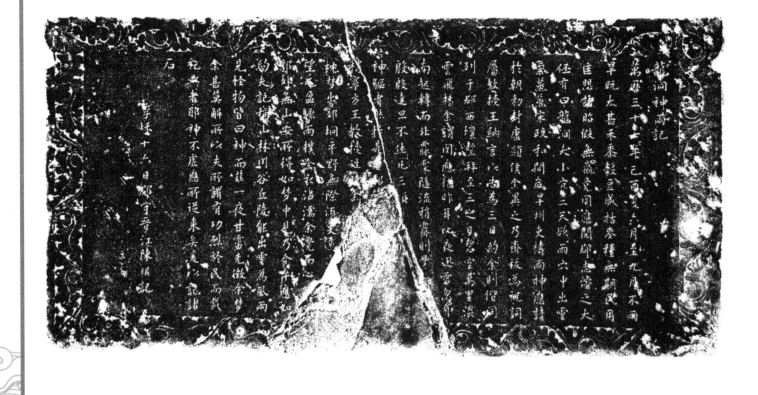

140. 龍洞神雨記

立石年代：明萬曆三十七年（1609 年）
原石尺寸：高 75 厘米，寬 145 厘米
石存地點：鶴壁市浚縣大伾山

龍洞神雨記

萬曆三十七年己酉夏，六月至九月不雨，旱既太甚，禾黍穀豆咸枯，麥種無期，民用匡懼，諸昭假無贏，竟罔應。閱郡志，浚之大伾有曰"龍洞"，大小穴三，天欲雨，穴中出雲氣蒸蒸。宋政和間歲旱，州吏禱雨，神應，請於朝，敕封"康顯侯"。余異之，乃齋袚爲祝詞，屬教授王納言以告，爲三日約。余則偕同列于郡西壇望拜。至三之日，碧空萬里，淡雲飛揚，余謂罔應猶昨耳。比夜，迅雷忽自南起，轉而北。霖霖隨流，稍霽則豐□□□殷殷，達旦不休，凡三□□□□□□□□神驅者然。於是負耜□□□□□□□□稍寧方王教授往時余□□□□□□枕夢出郊垌，平野無際。須臾，遠山□□□望屯盈驟雨，撲余衣沾濡。余覺而心□□，郭外無山，安所得如夢中見，乃今卒應如約？夫記稱山林、川谷、丘陵，能出雲爲風雨，見怪物皆曰神，而茲一夜甘霝，先徵余梦，余甚莫解所以。夫所謂有功烈於民而載祀典者耶？神不虛應，所從來矣。爰以記諸石。

季秋十六日郡守晉江陳瑛記。

里修河瀆大天申祠記

溫治之東地曰千皋東南隩舊有河瀆神祠而左則

皇天之命為九水之□濟物利民今古卜刺人之復神靈

瞳中亦有峙此祠然不知初自何時茅歲久風雨剝落垣墻傾

婦一見愴然乃謀諸瞳之父老如王君應時等各捐資有差更

楹歸然可觀緣歲不登未獲底績辛亥土君大均朱大夏復旬眾

碧輝煌燦耀人曰九所瞻拜者囷不震廟焉然是從也工鲤漆□

爰看神不貧□□□□不愧神有以嘿相之也谷善同彈□□□

時萬曆辛亥十一月穀旦太學生秦□□□

141. 重修河瀆大王神祠記

立石年代：明萬曆三十九年（1611 年）

原石尺寸：高 153 厘米，寬 65 厘米

石存地點：焦作市溫縣趙堡鎮北平皋村朱氏祠堂

〔碑額〕：大明

重修河瀆大王神祠記

溫治之東，地曰平皋，東南隩舊有河瀆神祠，而左則……皇天之命，爲北水之宗，濟物利民。今古永賴。人之獲神靈……瞳中，亦峙此祠。然不知創自何時。第歲久風雨剝落，垣墉傾……歸，一見愴然，乃謀諸瞳之父老，如王君應時等。各捐資有差，重……楹，歸然可觀，緣歲不登，未獲底績。辛亥，王君大均、朱大夏復勾衆……碧輝煌，燦耀人目，凡所瞻拜者，罔不震肅焉。然是役也，工雖浩繁，……疲，費雖不貲，而傾儲□困□不恡，疑神有以嘿相之也。各善同殫厥心……清仁□□……之時。

萬曆辛亥十一月穀旦，太學生朱夢豸。

河開渠濟溉民田萬年永賴生成

洞鑿水衍引沁水百里咸資潤澤

142. 袁公祠楹聯

立石年代：明萬曆四十年（1612 年）

原石尺寸：橫批高 30 厘米，寬 80 厘米；上下聯高 165 厘米，寬 30 厘米

石存地點：濟源市五龍口

上聯：洞鑿太行引沁水百里咸資潤澤
下聯：河開廣濟溉民田萬年永賴生成
橫批：山高水長

〔注〕：此碑位于全國重點文物保護單位河南濟源市五龍口袁公祠，係明萬曆四十年（1612 年）
爲紀念水利功臣河內知縣袁應泰等人而鑿石窟的楹聯。

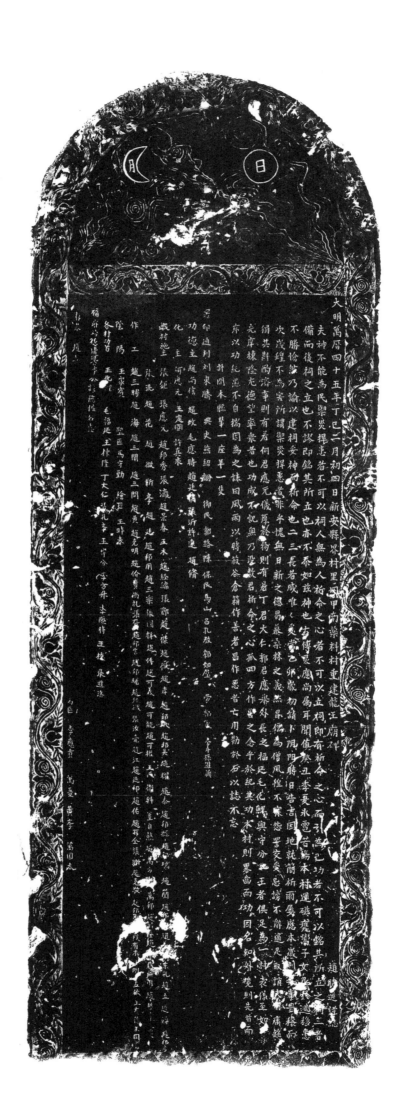

143-1. 南藥料村重建龍王廟碑（碑陽）

立石年代：明萬曆四十五年（1617 年）
原石尺寸：高 174 厘米，寬 59 厘米
石存地點：洛陽市新安縣正村鎮南岳村

〔碑額〕：日　月

新安縣界村里四甲南藥料村重建龍王廟碑

夫神不能爲民禦灾捍患者，不可以祠；人無爲人祈命之心者，不可以立祠。即有祈命之心，而引爲己功者，不可以銘其所立之祠。二者備，而後祠之立也不謬，即銘其所立也亦不忝。如兹神也，古傳灵應，尚屬耳聞。值癸丑季夏，冰雹苦傷本村，運磁甕，鬻子女，几於逃移。愚不勝愴然，乃諭以建祠妥神而祈命也。二三長者咸唯唯。爰當乙卯歲初，請卜陰陽，時日告吉，因地就簡，祈雨屢應，本歲則□事豐穰，而次歲蝗不爲害，所謂禦灾捍患者非乎？愧無日新之德，曷慕桑林之義。然冒儒爲僧，夙惶不寐，怨詈交受，忌謗不辭，適足取誚，夫何庸銘。獨其斟酌濟事，則有若何君應元，儀厚於物，則有若丁君大仁、郭君應舉、外長之福延毛化鯉與守分之王者，俱足爲一村表儀。至如先庠棟隆，尤德望率衆者也。功成不記，無乃没數君祈命之心，孤四方作善之念乎？於紀其功，本村則略齒，而功因名知；外境則先首，而序以功紀。愚不自揣，因爲之誄曰：風雨以時，菽谷倉箱。作善者昌，作惡者亡。用勒諸於石，以誌不忘。

趙時選謹誌。

計開本縣輦一座，羊一雙。

署印通判劉東騰，典史熊紹詡，御民郭路、陳保民、馬山、呂孔教、郭如璧、劳郭□、李斗、孫維新。

功德主：趙尚信、趙政、毛應時、趙廷□、張沂、許遠、趙修。化主：何應元、王定國、許真來。外村施主：張鉅、張應元、趙邦秀、張瀛、趙景春、王木、趙經緯、張節、趙傑、趙徹、趙庫、趙邦玳、趙邦英、趙耀、趙泰、趙邦縣、趙邦瑞、趙蘭、趙邦□、趙善、趙宗禮、趙立、趙錦、趙邦彥、張泛、趙花、趙微、靳學、趙廷、趙邦用、趙三樂、張國祥、趙任、趙可義、趙可能、趙可權、王氏、衛科、董自熬、趙萬方、趙萬邦、趙時登、趙時用、趙哲秉、文貫。

作工：趙三聘、趙海、趙三聞、趙三問、趙黃、趙克明、趙價、賈尚禮、張存、趙邦彥、趙邦琚、趙經織、張汝亮、趙江、趙延邦、趙佑、趙可全、張淵、趙克敬、趙邦先、段有才、閆孟秋、王有德、王同。

陰陽：王家賓。塑匠：馬守勤。繪匠：王時泰。石匠：李應貢、萬夏、黃學、萬國太。

各村功首：王化鯉、毛福延、王棟隆、丁大仁、張孔學、王守分、李方昇、李際時、王棟、張進洛。

福府功德遣進公李公諱德性，侄盛、存基、趙喜。

大明萬曆四十五年丁巳二月初四日。

143-2. 南藥料村重建龍王廟碑（碑陰）

立石年代：明萬曆四十五年（1617 年）
原石尺寸：高 174 厘米，寬 59 厘米
石存地點：洛陽市新安縣正村鎮南岳村

凡施俱拆錢刻：

本村共作四千貳百文。西藥：貳仟叁百柒十。中藥：貳仟貳佰貳十。下郭峪：壹千八百二十。真村：壹千六百。堰峪、邯鄲、五頭、界村、許家溝：八百三十五。北藥：五百。

首：王化鯉二百，又五十。王汝花二百五十。毛福七百六。毛六儒四百。丁大仁四百。郭應夆三百。王棟隆百五十。刘汝奇九百。刘汝正二百。刘可見百文。刘牽百五十。刘在興百文。刘陳氏百文。刘明五十。李州五十。李汝修五十。李貴四十。李周三十。李世倉二十。李可順三十。李汝淮五十。毛天庫百。毛天叙二百。毛天保百。韓加士百。五十韓魁百。高清百五十。高尚賀、高尚智、高尚賢百八十。高舉八十。毛天祥百。衛成七十八。杜子春九十。樊進科并子八十。李自省六十。王蓬五十。王來五十。宋學二十。毛應學、毛應禮各四十。毛天正、毛天佐四十。鄭官百。鄭可成百。鄭可貴六十。鄭可用五十五。鄭可昌五十。丁大用百。李萬庫百。李萬敖九十一。郭明七十。郭應奇七十。郭九魁五十。郭應得二十。丁應召、丁應選六十。王孟安二百。王孟瑞百二十。王永志百。王崇明百。王賜爵、王賜官百。王世強八十。王孟宿七十。王三位六十。張汝光四十。張汝順四十。郭進天四十。王三省四十五。張時用四十五。王文炳四十五。王文焰四十五。張廷安四十五。王孟昌四十五。王寅二十五。王進京三十。王邦陵二十五。王應麟四十。王精二十。李讓、張孔學壹仟貳佰三十。張進洛壹千一百。王棟、王茂魁、王茂時共八百五十。張時茂牛皮。姬仲安二百五十。王承义二百四十。張思忠二百。張才一百三十。孫光先八十。段民望八十。舜王溝王進京二百二十。溝北王定國合社三百五十。王佃五十。衛子安共三百八十。馮時泰三百。蘇景夏四十。許遠百六十。許運百五十。許簡百。許選七十五。許守金八十。許尚仁六十。許國訓六十。張汝貴百。姜庫五十。羊馬六百二十。李国治二百四十。李際时百六十。李随時百二十。所生珠五。李魚化六十。李安四十。梁魁二百五十。師孟賢、王科、師維所一百六十。王守分百三十。王加友百三十。王守定五十。王守敬五十。王訓五十。王進夫四十。王應全二十五。王守淮二十五。王守丁十二。張家莊五百合村。李方升、蘇友、古村林万言百六十。高如星、董邦棟五十。

144. 重修衛輝府金龍四大王廟記

立石年代：明萬曆四十六年（1618 年）
原石尺寸：高 224 厘米，寬 93 厘米
石存地點：新鄉市衛輝市博物館

〔碑額〕：重修大王廟記

重修衛輝府金龍四大王廟記

王，水神也。地道以水爲脉絡，而驚濤怒浪，急湍狂瀾，澎湃□匯，時□有之，傳稱不測，信然。舟楫連遇，立見顛危。倐焉盈盈衣帶，徐徐一葦，謂非有神明以呵護之不可也。粤昔大禹既錫玄圭，惟四瀆推尊，歷代秩祀甚隆。其他有功利涉者，即未定祀典□祠官，于凡古渡野岸，往往起建廟貌。無論歲時伏臘，村□社鼓，奔走獨處。雖往來經過，莫不展謁肅毖。是以有功于民則祀，能捍大患則祀之餘意也。古衛當大河之衝，距宣房瓠子不甚相遠，地方多危津。乃□城西里許小何坡有王廟一區，右對神山，左臨衛水，屹然一方重鎮。衛人雨暘趨禱，災祲趨禱，無子□□，有急以禱，禱輒應如響，底定津筏，以保無虞。非若緇黃家荒唐幻妄之□可同日語矣。廟歲久漸就凋敝，吾鄉柳君同車牛稅此，徘徊靡寧，矢心繕修。因謀于同鄉之商中州者若干人，約與共事，眾欣從願如。柳君約捐資卜□，鳩材董役，大興土木，新正殿以妥神，前爲拜殿，以使祭享，後爲傑閣，以尊聖公聖母，兩翼各有庫房，以供香火，夾階庀爲二亭，以樹碑銘。又前爲二樓，□懸鯨龜，總爲山門，司啓閉門。前爲戲樓，儲歌舞以悦神。規模宏廠，構架精奇，上覆琉璃瓦，前後欄楯，皆用文石雕鏤，極工巧，飛甍彩桷，金碧掩映，恍惚□都且□。神或樂栖，未可知也。告成事，柳君走千里，徵余爲記。余惟人之事神，通肦蠻于隱顯之交，其理最微，虞典遍于群神，周誥咸秩無文。古昔聖明薦□汝方所域囿，合德遠也。後世像位以表之，祠宇以聚之，俾慈高登降，昭格如在，蓋以夫地功用流行于覆載，而明靈必有所托，非廟貌則其體不□。今柳君之崇修，深得尊奉之體，詎專爲乞靈設耶。王廟建于衛，而修於蒲，人事機真不偶，大抵蒲土瘠，尚存□□□舊□天□□□經營四方，煮海滄瀛者且過半，衛隸中州，鹽策運于滄瀛。斯役也，取資于□蘆五綱有田朱與柳君慷慨好施，素多善果，茲不具述，恭綴□銘曰：

至哉玄冥元象俱，大□真源斗牛府。有時白馬躍瞿□，相耕雲牢煇空宇。仙飄如掌揚錦帆，鎮攝潛蛟伏飛鼠。篙師水怪争奔騰，喚起阿香推雷鼓。鰸□尾閭任縮盈，駭□來聲無今古。前夔後妖擁法駕，左列蒼虺右白虎。百豱□□豫清塵，馮夷蚩尤不敢舞。燦燦寶珠萬文光，瑩瑩照徹人心腑。還握化□佐帝威，耳畔□□□秘語。邇際九垓深九淵，能睹秋毫若尺許。廣施景庇□□□，每送安流入洛浦。行宮丹壁對淇園，歲奉祇祼肅罍簠。繽紛爟火走□倪，喧嗋簫韶□律吕。桂醑溉灌聆格思，有感于衷享其旅。神之去兮□颶風，神之來兮瀟瀟雨。舟航攸濟拯胥溺，洲渚無齧保桑土。江湖遠邇頌鴻麻，□萬斯年食衛澝。

賜進士出身朝儀大夫南京國子監祭酒前北京協詹事府事右□坊右庶子兼翰林院侍讀學士纂修國史蒲坂孟持芳謹撰。

皇明萬曆四十六年前四月二十一日穀旦。

145. 創建湯帝拜殿舞樓碑記

立石年代：明萬曆四十七年（1619 年）

原石尺寸：高 201 厘米，寬 69 厘米

石存地點：洛陽市孟津區北陳村

創建湯帝拜殿舞樓碑記

……及天下後世者，民悉建祠崇祀，血食萬世，以誌無窮。矧成湯聖帝，本皇帝之裔，天錫勇智，□□□□……主八方，奄有六百垂祀，業豐功偉，著於當代，宜明神荐，享於萬祀，且河陽去殷亳相距尤爲……大浙山之陽有鎮北陳者，鍾光岳之秀，田沃土茂，地靈人杰，其間聚廬托處者計千餘渥，鎮迤□甫……于金□後，歷代重修以來約十數計，上正殿五楹，前門樓三楹，各聖祠布陳於左右，諸神□□列於西……暘；豐歉灾疹疾疫，靡不禱焉輒應。以故周圍方隅數百年來地饒俗美，無甚懼旱乾水□□□者。率是……鎮修集水社，悉迎神靈□，虔誠奉祀，各潔牲醴，芳蔬珍饌，羅列粲錯，是嚴是敬，民之扶老□□□摩肩，……殆不可以億萬計。第焚□□地，將對越以何憑；奏歌靡栖，恐侑享亦徒飾。本鎮農官張□□目激曠典，……機、張之奇暨社衆等創□□殿三楹、舞樓三楹。其臺榭墻墉，靡非砌之以磚石；其榱題柱子，靡非崇之……雕刻堊堊，丹碧青黃，較前□模更爲森嚴。值是歲春大旱，二麥幾枯，衆心惶怖，□甫成之□□□，□雨……盛，其報應固甚顯且捷哉，且如東嶽、西華、南嵩、北行。其間郡邑井里，星燦棋□，神祠□□□□鄉……餘烈未熄，大旱七載，王親詣桑林，剪髮斷爪，責以六事。而大雨方數千里，則此□山□□□傳，……萬古如新。乃爾功畢，將刊石詔後，以著神休。余適以丁艱，歸省祖塋故墟，以志等懇余記，乃指碑……余想人生千百載，而下見祖先姓氏，如見祖先，夫復何辭。敬叙巔末爲之誌，以□□□□□善類，□垂不朽云。

鄉貢進士郟縣教諭邑人耿啓先謹撰，本鎮居士張化機書丹，古盟邑庠生□□□謹篆額。

社首：張友良、張策、張問魁、張自壯、張子才、張繼皋、張思傳、張以志、張化機、張之開、張只類、張邦滾。

住持：張如母劉性安，孫張海寬、張海霖同立。

大明萬曆肆拾柒年歲次己未肆月□□日。

146. 明新安縣官水磨露明堂碑

立石年代：明萬曆四十八年（1620 年）
原石尺寸：高 82 厘米，寬 53 厘米
石存地點：洛陽市新安縣北冶鎮關址村

〔碑額〕：碑□

大明國河南府新安縣官水磨一里關子內祭讀《易·繫》云：善不積不足。余□有味焉。夫善者何以積也？齋素誦經典，已乎布施恩德，修舍利塔耶？新邑北五十里有古迹露明堂、水陸殿，初亦姬氏所創建者，歲久損壞，四壁□□傾□吾醫玩景至此，乃嘆曰：堂殿損塌□吾力苟募會功德姬世會、姬世□、姬世行、姬登言、姬世平、姬世花等輸粟，工匠所有動勤敬事，更復何□焉。□□而大功告成，諸公之善足以遍九埏而垂无窮也。時序之，刻以誌不朽云。

（以下遠近施主及工匠約四十人姓名略）

萬曆四十六年九月吉日完工，四十八年九月立碑，四十五六二年蝗虫吃，四十七年斷青。

四十八年二麥水災，秋田微收。

明
（二）

147. 重修普嚴寺碑記

立石年代：明萬曆年間

原石尺寸：高 161 厘米，寬 54 厘米

石存地點：洛陽市宜陽縣韓城鎮仁厚村東嶽泰山廟

……其村曰神后村，有寺曰普嚴寺，有僧曰周賢、洪江，素以澹泊□志以□□□身爲能緣化十方，重修本寺諸殿暨諸佛像等……綾河久缺石橋，以濟行人。夫是橋之當設，與人之當濟，已載在名公石□□□，茲不贅。第周賢、洪江上人以孑然之身，發慈……設酒具肴，敦請本村功德主張姓名改尚、名選尚、名華者，東嶽廟道□尚真明者，□心協力募緣，請化主永廣、高一廣、洪全……洛□、永、盧等邑，上自王公大人，薦紳顯貴，下自農工商賈，善男信□，□力施捨，不拘銀錢、灰石之類，其所獲不下百十餘……此非有大力量、大擔當者，不能稱厥任，非有公正虔誠，終始□□□節者，不能考其成也。夫是役□，經始於萬曆一十……工既告完，上人遂偕石工楊岩、男楊添才踵余門，請記於石，□□□文。第念上人之□節，感橋梁之大事，因喟然嘆曰：……興梁之説，亦興土木者之不能已也。迨至子產乘輿濟人，孟……可□而不可傳耶。不知孟……乘輿之惠爲小惠，是何也？以其操得爲之位而不爲也。今周賢上人□□□□永而□□□世之苦海，普慈航之妙乘，……時至來歲春歸，又拆毀，不能常繼，行人往往病之。在萬曆二十二年間，業……衝刮矣。噫！當此際者，苦……往不輟，竟成此久遠之規者，非他人，賢上人邀衆之功也。上人俗姓張，父……幼者，余故緣問記之意……曾益其不逮，其修緝補助之功，必有繼上人而興起者矣。區區今日之記，□□□。

宜陽縣儒學廩膳□員李之芳撰，連昌五華寺晚戒沙門普鑑書。

……主簿陳允中，典史陳仲朝……

……四月之吉。

明（二）

377

148. 創建廣濟橋碑記

立石年代：明天啓二年（1622年）
原石尺寸：高140厘米，寬57厘米
石存地點：洛陽市嵩縣田湖鎮滕王溝村

〔碑額〕：廣濟橋記

創建廣濟橋碑記

竊查公孫僑仕鄭，以□□□久于溱洧，特私恩小惠耳，焉得人□而濟之。熟思不若橋梁□爲□也。嵩邑東北□□□名曰滕王溝侯家庄，亦東西之通衢，其間過緒甚夥，奈道有截澗，人多病□。本□我民社首侯思平，掠首王有才、索登樓等，每念跋躓之艱，興心修建。奈孤力何，遂會集一社，各捐己資，命石工修砌創造。兹橋名曰"廣濟橋"，實千載不磨之計也。今事遂功成，若不記之于石，泯滅施資之盛心，后人無以遡其源，何以垂于后？特將施資姓諱勒諸翠珉，以垂不朽云。

邑人春吾張乾隆元書。

張思朝、郭天保、王守成，以上各四錢。范文祥、池堭業、賈允、王有才、高應先，以上各三錢半。索登樓、王守庫、李天受、李永剛、徐可凭、張國榮、李峰、廣琴，以上各二錢。范天奎、宋復安、魏尚頂，以上二錢。李天禄、李天用、王天相、王天禄、□思穩，以上各錢半。宋復清、范天瑶、范天禄、范天相、王順席、尚觀、侯思佐、朱國禮、宋一葉，以上各錢二分。劉思結、侯封升、趙重先、王進舟，以上各錢二分。李浩、李永慶、韓國順、張景通、趙明、徐孟珍、王進忠，以上各一錢。李廷舉、柴孟道、徐可節、柴守貴、魏良卿，各出六千。魏尚山出錢四十五。李陽、吳學出錢一百。尤守業出錢一百。侯以夏出錢五十。楊欲禮出錢一百。侯以得出錢五十。李九邦出錢五十。石匠九人施錢一千文。

抬碑人：張國正、尤九之、李可教、李大□、李良順、李大官、王守金、宋復節。

修橋應用使錢廿六千九百文，衆社人出錢七千一百卅五文。社首：侯思平暨子封職、封甑、封賜使錢一十九千八百文。

石工：喬進爵、馬天吉、馬天仁、喬進福、喬進銀、程傑、何武、尚義、喬西、宋光照、楊天惠。

王□得，橋主齋公侯思平。

龍飛天啓二年歲次壬戌暮春穀旦。

明（二）

149. 致靈源神祭文

立石年代：明崇禎五年（1632年）

原石尺寸：高253厘米，寬96厘米

石存地點：新鄉市輝縣市百泉衛源廟

維大明崇禎五年歲宅壬申十一月十五日，河南衛輝府輝縣知縣張克儉同闔縣鄉紳士民人等，謹致祭於衛源之神曰：惟神璃滴，浚自乾晶，綺流包乎坤絡。盖本大行數千里之來龍，至百門而瀉其磅礴，澄瑩開寶，鏡以無塵，澔沔剖珠宮而勿羃。泉根則五色交輝，水面則千章錯落。陰陽轉而灝氣常融，滄桑變而靈源自若。湛擬渟雪而點龍團，溫媲釀花而流香酪。波光浸矗立之崇臺，縠文漾翬飛之高閣。極名流韻士之闡颺，終莫窮其淵博。盖混混者歷千年，詎涓涓兮僅一勺。乃其大者，元精藏於晉域，靈派達於津門。運漕艘以裕京國，輓貨貝而貢天閣。潤滋萬寶，灌漑千村。碧苑瑤芳，得錦流而繁茂；翠疇玉粒，藉玄液以豐敦。壯百年之形勢，資萬室之饔飧。合抱環流，穿渠歷畹，氣色清華，風光曠遠。豁文士之靈奇，發科名之華袞。盖衣冠鍾鼎，婦子編氓，均食其鴻庥，而共濡其厚恫者也。此猶泰寧歲月，清宴年芳，烟雲澹馥，林木幽香。疆圉鞏固，黎巘平康耳。屬者流氛弗靖，逼此一方，鳴鏑奔突，橫戟披狷，關河爲之震撼，老稚被其□傷，士女離□，□吏倉皇。乃□神既，遠害凝□。封五開以成鴻浸，疏百甽□灌周行。澤祠無極，齋遂難□。遍四野而流□滅没，遶衆村而浩瀚汪洋。□□一至，跼躇□□□□□鞭，竟渡無能，飲馬鴟張，抱頭鼠竄，夾尾狐藏，全城恃以無恐，壁壘爲之有光。盖非第汴豫之藩蔽，實爲燕趙之堤防。受茲介祉，敢愆蒸嘗，月建在子，水德之房。乃涓吉日，捧進瑤觴，羊豕在列，樽俎在旁。龍幢雲旆，空際翺翔。鑒我誠懇，駐駕天閶，顯威赫赫，錫福穰穰。乂生民以無倦，護城郭而永昌。尚饗！

此張侯佺偲中筆也。時流寇數萬衆壓境逼門，侯方擐甲馬上，簡練飾備。舉祀之朝，援筆立就。而流麗婉切，韻致悠然。乃爾讀之一段，水到渠成之妙，溢於楮穎。其坡公所謂若萬斛之泉，隨地涌出者耶。非神凝養定，淵識鴻才孰能與。於斯神之福之，孚契□牲帛之先矣。邑士民請壽諸石，豈徒志歲月云乎哉！

蘇門滇臨李宇光謹書。

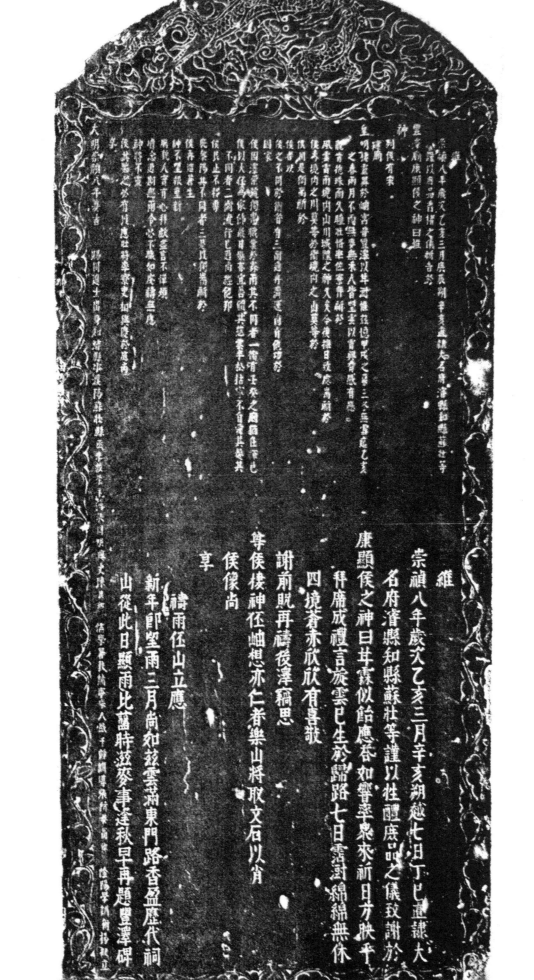

150. 苏壯祈雨碑

立石年代：明崇禎八年（1635 年）

原石尺寸：高 182 厘米，寬 76 厘米

石存地點：鶴壁市浚縣大伾山龍洞

維崇禎八年，歲次乙亥三月庚辰朔辛亥，直隸大名府浚縣知縣蘇壯等，謹以庶品香楮之儀，祈告于豐澤廟康顯侯之神曰：惟神列侯，有宋建廟，皇明栖靈，异于岫宮，普豐澤以甘澍。惟茲憶甲戌之暮，三冬無雪，迄乙亥之春，兩月不雨。無麥無禾，人皆望雲以霄興；有感有應，龍肯抱珠而久睡？壯恪率佐寮拜祈于風雲雷雨、境內山川、城隍之神久矣，今復擇日致虔，專祈于侯。夫境內之川，莫尊于衛；境內之山，莫尊于侯。用是獨專祈于侯者，以侯之不同于衛者有三。衛通舟濟運，尚有他功于國家；侯因澤崇號，獨專職恭於霖雨。其不同者一。衛有壬癸之廟，猶在輝邑；侯以大伾爲家，佛岩日燥，亦宜善體其慈，雲半松枯，寧不自愛其發。其不同者二。衛流行已過，尚經他邦；侯艮止不移，專庇黎陽。其不同者三。是以獨專祈于侯，再造蒼生。神不望報，重新廟貌，人實有心。拜獻盡言，不憚煩瀆。念過期無雨，令必不職；如虔禱無應，神將不靈。侯其鑒之，必有以應。壯將率寮吏相與慶於庭。尚享。

維崇禎八年歲次乙亥三月辛亥朔，越七日丁巳，直隸大名府浚縣知縣蘇壯等，謹以牲醴庶品之儀，致謝於康顯侯之神曰："甘霖似飴，應答如響。率眾來祈，日方映乎拜席；成禮言旋，雲已生於歸路。七日沾澍，綿綿無休；四境蒼赤，欣欣有喜。敬謝前覬，再禱後澤。竊思尊侯，栖神伾岫，想亦仁者樂山，將取文石以肖侯像。尚享。"

禱雨伾山立應

新年即望雨，三月尚如茲。

雲滿東門路，香盈歷代祠。

山從此日顯，雨比舊時滋。

麥事逢秋早，再題豐澤碑。

大明崇禎八年夏吉。

賜同進士出身、知浚縣事濮陽蘇壯，縣丞李敷榮，主簿張問明，典史陳良知，儒學署教諭事舉人盛千齡，訓導張所養、高偉，陰陽學訓術楊梗立。

151. 虹橋記

立石年代：明崇禎十一年（1638 年）

原石尺寸：高 42 厘米，寬 72 厘米

石存地點：新鄉市輝縣市徐氏家祠

虹橋記

□□歲千千歲。□□信官李進，□□信官陳澄，管工兼造信官吉登科、王進朝、李國用、馮進忠。

此橋昔因希秋募，五十年來登發心。喜捨資財願修助，合府同寅共樂成。又有吉王李兼造，地脉工成萬載興。即此永垂于不朽，往來通濟百千春。

宮貴：賀老娘娘、邢老娘娘、陳老娘娘、宋桂女、趙承嗣女、呂承嗣女、王堂女、馮時泰女、王克柱女。

局官：吉保成、張朝、李實春、徐善、王問臣、卜欽、李登選、閆屢喜、陳永壽、李文昇、耿添祥、李進忠、田吉祥、盧朝、陳國泰、于得水、姜連、賈成、李添福、黃添壽、張進忠、許騰、王玉、李九成、王加晉、黃家用、高應兆、陳應相、吳朝明。書堂官馬萬里、王宗信、吉守礼、陳福。

石作、瓦作李景和，土作賈應高。

僧永裕，道鄧通祥，僧如香、遠冬。

崇禎十一年二月十二日發心同立。

碑記

重修龍王廟碑記

夫嘗聞有共被此有神矣神雖不語毋重隱於仕人福德之黃種之可收
善者向福正梁廣發慈神如此者天地祐之凡神福之者無此雲一應世人之無善吉麻不力
德祿降於帶人乃六合之中大道之本村古玄龍王廟一所年又頹懷令有羊人李術官王
心募化十方善信男女命道復僱挺銀此神製貴財重新修要創造與半三開並金里
聖僧俱完然一新今人觀念光之年道之僱生深俟故之伏頹柳十戈皇慶林女惟
而由一雲力朝全七僱之俟鳳而漢解凡鋼狗盜之莛督伙豈力戒亡
于天下注津中瀞申止暮末大好吉之心永重

大明崇禎十一年歲在戊寅春季月之吉令首

152. 重修龍王廟碑記

立石年代：明崇禎十一年（1638 年）

原石尺寸：高 160 厘米，寬 69 厘米

石存地點：新鄉市衛輝市獅豹頭鄉西拴馬村

〔碑額〕：碑記

重修龍王廟碑記

夫嘗聞有其誠，則有其神矣；無其誠，則無其神矣。神雖不語，每垂像於世人福德，無苗種之可收。善者向福正果，廣發慈神。如此者，天地祐之，鬼神福之。若無此靈應，世人之無善矣。吉慶垂於有德，福祿降於貴人，乃六合之中大道也。本村古有龍王廟一所，年久頹壞。今有善人李得富、王□發心，募化十方善信男女，命道劉守道催錢粮，積聚資財，重新修理。創建殿宇三間，并金塑聖像俱完煥然一新，令人睹金光寶華之像，生森嚴畏敬之心。伏願柳□月淡，干戈早定於边疆；宇宙風清，庶士得安乎朝野。蜂屯蟻聚之徒，悉同東風而凍解；鼠竊狗盜之輩，皆伏聖力滅亡。雖爲一處功德之林，實乃四方福田之海也。且龍神雖多，而靈應有幾。有如蒼龍老爺，獨居此千山萬水之南峰，不□愛其山青水秀而已。即四方之黎庶，凡有祈禱，久旱不雨，即□行雨，施于天下，汪洋□澤于乾坤。恩惠洒遍三千界，雨露周流萬國春。是故小道王養儒愧不能爲溢詞駢語，止略表其好善之心，永垂□不朽者云。

玄門弟子劉守道。

會首：李得富、王鸞、王添富、王添貴、王添財。

木匠：趙□臣。石匠：牛天成、李教民。同立。

大明崇禎十一年歲在戊寅春季月之吉。

鳳泉

鳳凰山下鳳凰泉河洛淵
源地脉連文治精華從此
洩圖書意象屬誰傳望孚
霖雨三農慰雲淨秋空一
鑑懸塵抱欲從泉水滌破
除凡近見高玄
毘陵後學丁育才題

153. 鳳泉詩碑

立石年代：明代
原石尺寸：高 51 厘米，寬 100 厘米
石存地點：洛陽市宜陽縣靈山寺

鳳泉
鳳凰山下鳳凰泉，河洛淵源地脉連。
文治精華從此泄，圖書意象屬誰傳。
望孚霖雨三農慰，雲净秋空一鑒懸。
塵抱欲從泉水滌，破除凡近見高玄。
毗陵後學丁育才題。

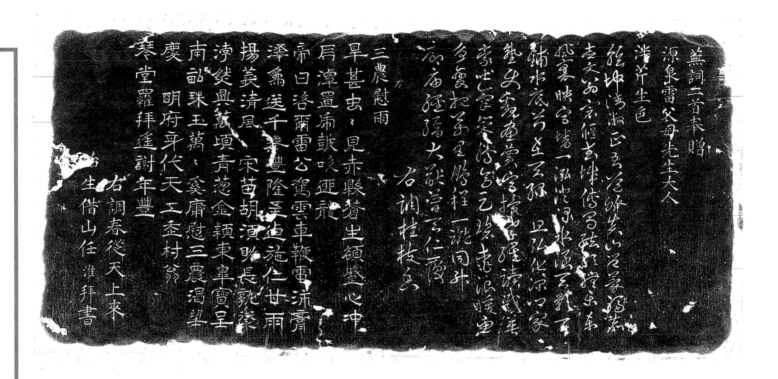

154. 蕪詞二首奉贈源泉雷父母先生大人

立石年代：明代
原石尺寸：高 55 厘米，寬 112 厘米
石存地點：洛陽市宜陽縣靈山寺

蕪詞二首奉贈源泉雷父母先生大人

泮芹生色

乾坤清淑。正吾道脉炎，山豈蒙福。志喜文翁宗偃，春城傳蜀。能歌禮樂東風裏，映宮墙，一弘澄绿。水涵天影，天鋪水底，前至天緣。且弘化，深以家塾。使觀畫黌宮，授孝經讀。感嘆英豪吐氣，策騰高足。碧桃浪暖魚爭變，把萬里，鵬程一蹴。同升廊廟，經綸大猷，普天仁覆。

右調桂枝香。

三農慰雨

旱甚蟲蟲。見赤縣蒼生，額蹙心冲。石潭置虎，鼓吹迎龍，帝曰咨爾雷公。駕雲車鞭電，沛膏澤，爲送千峰。豐隆至，乃施仁甘雨，揚義清風。宋苗胡須助長，孰禦淨然興，萬頃青葱，金穎東皋，寶呈南畝，珠玉萬萬。奚庸慰三農，渴望慶明府，身代天工。走村翁，琴堂羅拜，遥謝年豐。

右調春從天上來。

治生借山任淮拜書。

夏禹王像

於戲神禹肖舜
宅揆決江疏河
瀍沈澹筥乃蓋
前衡卒成俾績
興學明倫鑄毉
協宜會稽計功
歷山鑄幣創業
垂統爲萬世規
周敦頤題

孟津縣城西北五里許龍馬負圖處

155. 明刻夏禹王聖像并贊

立石年代：明代
原石尺寸：高 120 厘米，寬 52 厘米
石存地點：洛陽市孟津區龍馬負圖寺伏羲殿

〔碑額〕：夏禹王像
孟津縣城西北五里許龍馬負圖處
於戲神禹，胄舜宅揆；
決江疏河，灑沈澹菑；
乃蓋前衍，卒成偉績；
興學明倫，鑄鼎協宜；
會稽計功，歷山鑄幣；
創業垂統，爲萬世規。
周敦頤題。（後刻有"周敦頤印""□□官印"二璽印）

〔注〕：據傳大禹治水在孟津得到了河圖。孟津有很多大禹傳說。嘉慶《孟津縣志》記載："禹治洪水，觀於河。見白面長人魚身出曰：'吾河精也！'授禹河圖而還於淵。"三國魏曹植的《禹河圖贊》也有："禹渡於河，黃龍負船，舟人并懼，禹嘆仰天：'予受大運，勤功恤民，死亡命也！'龍乃彌身。"

156. 重修成湯廟碑記

立石年代：明代

原石尺寸：高238厘米，寬88厘米

石存地點：焦作市沁陽市山王莊鎮萬善村湯帝廟

〔碑額〕：重修成湯廟記

本鎮等遞年香爐水管

一次：張克敬、孟景辛、韓厚、明鐸、張貴、張義、張整、張溫。

二次：張礼、張奉、李六、程順、韓能、梁聚、任裕、武端。

三次：衛時舉、衛敦、刘昇、張鑑、焦貴、張沐、張彬、張祥。

四次：張翥、原貴、原全、張志方、高文礼、司祥、楊二、張礼。

五次：刘福、尚懋、楊興、尚欽、孫剛、孫英、衛榮、安林。

六次：韓義。

七次：周忠、韓英、周信、周礼、張榮、張大裕、張剛、韓恕、韓哲。

八次：賈□、鄧清、武順、張昇、趙興、賈□、賈榮、李榮。

九次：賈景春、許林、莊奉玉、莊貴、尚志、潘剛、尚欽、王克敬。

十次：王克能、衛厚、韓春、牛敬、刘清、刘剛、王政、王文盛。

十一次：司福、司榮、馬旺、陳玘、王貴、張榮、刘剛、王真。

十二次：鄧剛、司玘、張林、張翔、鄧奉、傅本、王用、張欽。

十三次：鄧義、韓子玉、李□、張寬、張貴、陳敬。

十四次：焦興、郭真、胡英、張旭、刘俊。

十五次：張奉、焦□正、王景先、刘清、刘和、慕彥皐、刘貴、王讓。

十六次：張能、于溫、趙貴、申貴、潘貴、潘俊、潘敏、于海。

十七次：上西萬作、王通、陳老人、陳榮、閆俊、閆通、馮貴、田智、宋夏。

十八次：下西萬作、李仲万、李義方、李森、董□、董士元、宋奈、董剛、董十一。

十九次：刘義、張能、董亮、秦整、郅貴、杜貴、路聚。

二十次：和尚莊、翟先生、石大川、張仲玉、李昇、苗旺、苗信、王信、祁□。

本鎮耆老：張志寬、李八老、周□義、趙真、榮毅、張貴、衛昇、衛福、張興、張旺、張五、張信、張亮、邢忠、鄧俊、朱貴、程剛、邊興、安祥、韓榮、李泰、李五、魏六、李七、田春、李二、馬一、任士能、□用、任剛、任祥、衛淳、吳彬、姚敬、榮鐸、孫志、榮貴、唐玘、原忠、王英、安長、張翔、□□、鄧三姐、原成、楊三、楊興、張□、楊旺、楊聚、石二、鄧三、石剛、孫小五、衛志、衛興、衛旺、韓□、韓順、鄧順、焦二、武奉、趙剛、明興、刘敬、劉美、韓彬、莊真、司剛、司七、司三、韓志、司六、裴信、郭八、李祥、韓鑑、王萃、王政、吳剛、陳玘、鄭四、衛剛、張成、趙安、王敏、焦榮、張成、劉旺、李春、李先生、張旺、胡志、西刘貴、魏志、姜二、姜成、□鐸、李敬、郭正、于□、王志寧、王欽、郭福、傅剛、裴□、陳先生、郭七、曾惠義。

本鎮守住懷慶衛軍士：王志成、陳志剛、李得、李旺、范旗、范整、东原、楊一、王隣、王宣、李□、胡忠、李福、胡俊、□□、鄒文、殷成、石成、楊整。

所吏：王興、□□、馮振、韓剛、李通。

鄭府内官：天福；妳公：馮貴；圓明寺僧：惠貴、惠祥；水谷寺僧：水月庵。西萬作耆老：陳官人。下和尚莊：李敬。

木匠：張士□、張鐸、苗忠、苗義。鐵匠：王奠、王仲礼、王信、閆一。瓦匠：潘貴、潘敏、潘俊、潘剛。塑匠：文成、薛頻。妝畫匠：馬麟、趙能、温泰。雕樂匠：常待□。

看廟人：劉婆現、男劉貴。樂人：董福山、董福巖、董福成。

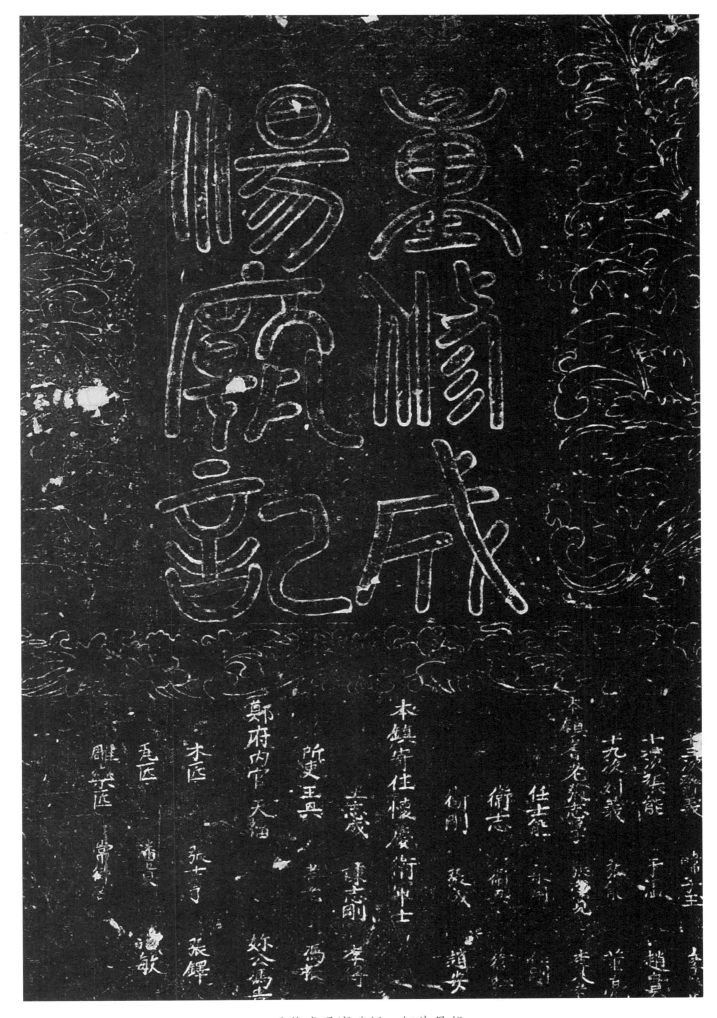

《重修成湯廟碑記》拓片局部

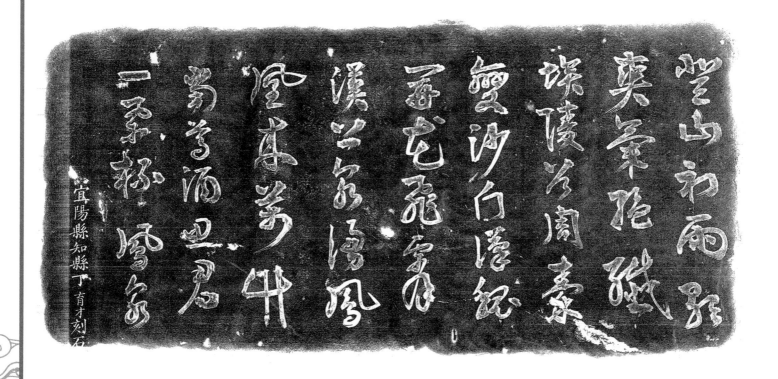

157. 鳳泉詩碑

立石年代：明代

原石尺寸：高 35 厘米，寬 60 厘米

石存地點：洛陽市宜陽縣靈山寺

登山初雨歇，爽氣絕纖埃。陵谷周秦變，沙門漢魏開。花飛霄漢上，泉涌鳳凰來。萬竹當尊酒，思君一舉杯。

鳳泉。

宜陽縣知縣丁育才刻石。

明（二）

158. 鳴皋鎮西臺記

立石年代：明代

原石尺寸：高 100 厘米，寬 76 厘米

石存地點：洛陽市伊川縣鳴皋鎮鳴皋村

〔碑額〕：鳴皋鎮西臺記

嘉靖二十八年三月……多洪水之害，堯賓與……欽取之辰，正符言重……遂成堤卧長虹。功成永……大雨傾作，四水交攻，立時……遠之……信紀……貝疏□□□□勒石，首……慶□年……官巡檢王□、壽官……蔣門李氏，男儒官蔣堯民、知縣蔣堯賓，侄蔣裕、蔣□。……

159. 歷玄子題詩碑

立石年代：明代

原石尺寸：高 76 厘米，寬 44 厘米

石存地點：新鄉市輝縣市百泉衛源廟

仰山之高，探水之源。水流山崎，億萬斯年。
明□亥泉上趙澹寧兄歷玄子題。

清（一）

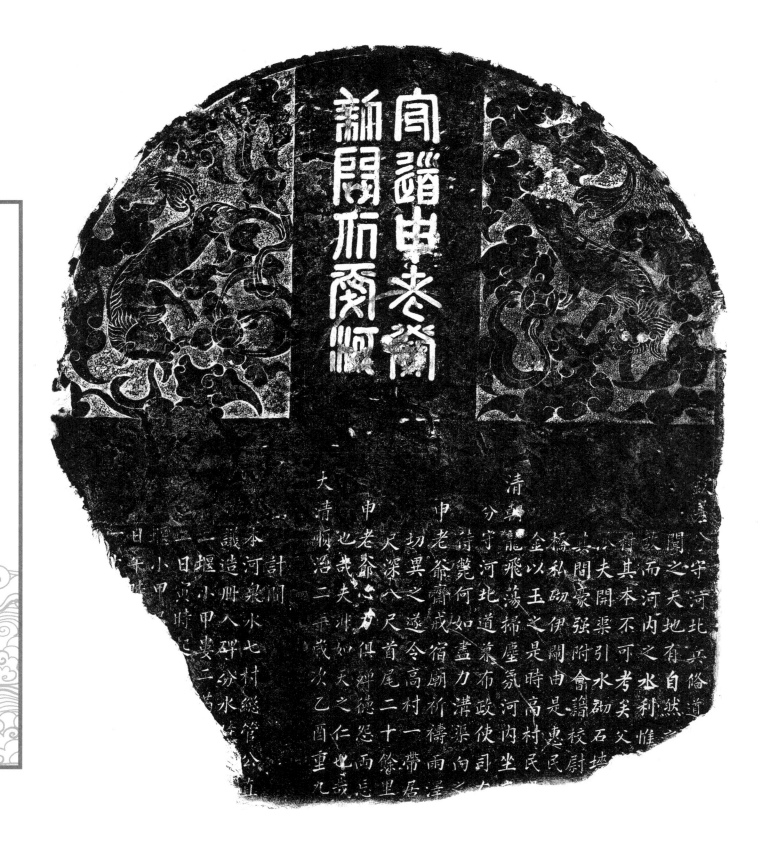

160. 申老爺祈雨碑

立石年代：清順治二年（1645 年）

原石尺寸：高 80 厘米，寬 69 厘米

石存地點：焦作市沁陽市西向鎮捏掌村堯王廟

〔碑額〕：守道申老爺新開仁愛河

欽差分守河北兵備道……聞之天地有自然之……故，而河內之水利惟……村，其本不可考矣。父……派夫開渠引水，砌石墻……其間，豪強附會，藉校尉……橋，私砌伊閘，由是惠民……金以玉之，是時高村民……清朝龍飛，蕩掃塵氛。河內坐……分守河北道兼布政使司……待斃，何如盡力溝渠，向之……申老爺齋戒宿廟，祈禱雨澤……切异之，遂令高村一帶居……尺，深八尺，首尾二十餘里……申老爺心力俱殫，德怨兩忘……也哉！夫非如天之仁也哉！……

計開：

本河泉水七村總管公直……議造册入碑分水……二堰小甲婁二……二日寅時……堰小甲……日午時……一……

大清順治二年歲次乙酉重九……

清（一）

皇清 黨將軍母呂夫人之神位

母陳留縣黨氏順治二年荆龍工未就持其子身殉河水堤工
立成 大王念其忠心與 總河大憲同奏
御前封爲將軍因其 母無託 大王帶歸故鄉坐養死葬敬立
神碑以序其由來云

墓在村西里許東西大道南二十餘步
墳地方圓七尺

161. 黨將軍母呂夫人之神位

立石年代：清順治二年（1645 年）
原石尺寸：高 74 厘米，寬 41 厘米
石存地點：洛陽市偃師區岳灘鎮王莊村

〔碑額〕：皇清

黨將軍母呂夫人之神位

母：陳留縣黨氏，順治二年，荊龍工未就，時其子身殉河水，堤工立成，大王念其忠心，與總河大憲同奏御前，封爲將軍。因其母無托，大王帶歸故鄉，生養死葬，敬立神碑，以序其由來云。

墓在村西里許東西大道南二十餘步，墳地方圓七尺。

清（一）

遊滴水岩二首

一遊滴水岩二首

至半懸崖一線通金颷颭沓動長空當霄性

石驚人起倒履羊腸詫鬼工乍歷傾欹渾欲

斷頻經迴合杳難窮凌虚摋穴超方外身世

茫茫幻境中沉鰲浸灇滴翠濃是誰削出

玉芙蓉岩罨羅徙妙歸鳥人度蒼山若跨龍

霹靂乍傳千谷震鏗鍧遙送逈峯鐘老僧怙

點諸天外揆手相從第幾峯

郡人烏如守吳定題

162-1. 游滴水岩二首（碑陽）

立石年代：清順治四年（1647 年）
原石尺寸：高 117 厘米，寬 61 厘米
石存地點：安陽市林州市任村鎮桑耳莊村滴水岩

游滴水岩二首

天半懸崖一綫通，金颺颯沓動長空。
當胸怪石驚人起，倒履羊腸詫鬼工。
乍歷傾欹渾欲斷，頻經迴合杳難窮。
凌虛探穴超方外，身世茫茫幻境中。

沆瀣浸淫滴翠濃，是誰削出玉芙蓉。
岩垂蘿徑妨歸鳥，人度蒼山若跨龍。
霹靂乍傳千谷震，鏗鍧遥送上方鐘。
老僧指點諸天外，拉手相從第幾峰。
郡人鳥如子吳定題。

162-2. 游滴水岩二首（碑陰）

立石年代：清順治四年（1647 年）

原石尺寸：高 117 厘米，寬 61 厘米

石存地點：安陽市林州市任村鎮桑耳莊村滴水岩

時立碑記，太祖高皇帝以來，治國安民。林邑郡北古集桑家庄有香火院滴水岩，至正統年間，祖桑秉元重修佛殿，威神至靈，無不感應。至於成化初年，少□桑智以来，求生五子，桑資、桑福正、桑友、桑和、□□，順治八年金妝三教堂。會首桑太枝、郭氏、曹氏丈義施財，列碑刻名。桑大簡九年重修祖師爺殿，金妝會首桑居甫、陳氏；攢首、收管桑在興、王氏，桑化齐、揚氏，桑邦渭、師氏。南荒村功德會首張安、張登科、張元、張三光、刘化、刘思公、刘景文、張邦、張三太、秦国炅、張思忠、張國泊、張進栾、張鮮、刘整、刘據、張談、張三畏、羅秋、刘光、刘强、刘景蓁、刘景梅、張國英、林惠、刘水、張賀、張秀、焦可用、張登云、張時德、刘景川、張才、張思万、刘恩、張思正、刘景竹、刘景德、刘景亮。山西鞏磐石，任村集：郭本敬、王鐸、李門王氏。師家村：師景友、師國勳。杓木村：常□枝。

宋可言、桑計儒、桑力耕、桑可春、桑計枝、桑可穩、桑計言、桑化鳩、桑可居、桑大新、桑化武、桑化雨、桑化整、桑應魁、桑化□、桑大興、桑應苟、桑化必、桑大昇、桑應琴、桑大魁、桑應淇、桑大金、桑大□、桑大松、桑化才、桑大春、桑化安、桑民指、桑民産、桑居才、桑居茂、桑民岳、桑居保、桑居現、桑居定、桑居田、桑居寬、桑居□、桑居里、桑居川、桑居懷、桑居安、桑化義、桑貴榮、成□、成時明、余德河、丁思才、王自成、李孟秋、楊思會、成門桑氏、桑門張氏、桑門□氏。

重修滴水岩小引，柱特僧人照心，高阜水寺僧人湛海，盤揚寺海興、洪法、輔愀。

窃思太行奇峰，景難筆殚。第有名岩曰滴水，乃祇墟精舍也。巍簪突奇，若天台神府，清泉□耀，誠人間勝□，内有三教金容、南海化身。自闖寇蜂起，□天灾禍，世父子殘食，十女一婦，白骨遍野，稱帝曰永昌，未及數月期，被我清朝奪权。所以古迹勝概尽頽。嗚呼！運劫氏蠱万姓淒，其神依亦來怨痛也。有善人桑大枝觸目蹙首額，而秋之曰：我輩何忍乃尔哉。夙夜榜煌，發約衆居，甫竟重修祖師精室、□□三教金容、南海化身。故久頽者新，可痛者增色，是慈航之婆心，□□之苦行也。至是仙台焕然，凡塵若乃利之宫，幽府洗滌，岩林青□，□臧之天腰□之成，聊人之力，聊天人合，而厥功告成，此謂□誠則衆字憫篤，則神歆也。爰是庙茂随□景而并聚，神光依林台而生香。乃堪屬言曰：祇垣精舍也。□□遠□迹隳，前功而莫□，□命匠刻石，以垂不朽云。

庠生石決策沐手謹書。

興工：桑可直、桑可方、桑大進、桑大惟、桑大宣、桑時林、桑大賓、桑化言、桑應懷、程九元、桑化松、桑居齊、桑居林、桑居还、桑居友、桑居高、桑居清、桑大艮。

伍家水石匠：王整、王筵邦、王筵才、石岳才、岳明林，施錢三千。

□□國順□四年七月初一日立。

重修東岳廟碑記

蓋仁聖帝君威灵顯赫昭昭在人耳目之九在光天
之外無不被其德澤而報應速誠不爽也衛西
雄府二十里許黃花峪各三楹年久風雨傾地有本庄
東岳天齊仁聖帝君正拜殿各有村名曰山庄舊有
神不堪棲遠近人寺觀之無不愴然者遂有他
香者原捐治銀自崇禎十三年來遭遇奇
荒蝗蝻連喫四載峰自崇禎十三年來遭遇奇
鄉病餓盜死者不知幾千万人而人吃五府善以
所存者依不滿十數爲若非神降百祥于人而人
遺着此心何忍哉神像補塑廟貌重修焕然一新
神也于是刘召書名以垂不朽爲後人鑒云
誠即蠲貲捐工

此首原土高刘化龍趙世寧一勤間自民刘民府李惟禄李進寶

酬贊原奇英原可端姜仲景一怋惟一勤刘民原府李惟禄

了原三才刘雜材胡景曼牛化絞礼趙應元有

會首原文秀梁淳才俞汝用董自有高應元有

李高朱運昌武進

許技龍張洪蒋塑匠奇惡录

崔婉奇

趙守荣 木匠李淳仁

順治五年十一月吉旦 助三 泥水匠陳子敬全立

163. 重修東嶽廟碑記

立石年代：清順治五年（1648 年）

原石尺寸：高 60 厘米，寬 67 厘米

石存地點：新鄉市卫輝市唐庄鎮山莊村東嶽廟

重修東岳庙碑記

盖仁聖帝君威灵顯赫，昭昭在人耳目。凡在光天之所，無不被其德澤，而報應遑遑，誠不爽也。衛西離府二十里許黃花峪下有村名曰山庄，旧有東岳天齊仁聖帝君正、拜殿各三楹，年久風雨傾圮，神不堪栖，遠近人等睹之，無不愴然者。適有本庄香首原君諱治銀，不忍創之于先而一旦毀之于后，與衆□而言曰：予輩自崇禎十三年来，遭遇奇荒，蝗蝻連喫四載，烽烟四起，人物互相殘食，其他鄉病餓盗死者不知几千万人矣。我村九十餘家，所存者犹不滿十数焉。若非神□□庇護，其何能孑遺若此哉？是神降百祥于人而人□無片善以酬神也，于心何忍哉？衆聆其言，咸曰善哉。遂各發虔誠，即捐資捐工，神像補塑，庙貌重修，焕然一新，比前妥矣。于是刻石書名，以垂不朽，爲后人鑒云。

會首：原奇英、原士英、李守高、原治金、原治銀、原文秀、刘魁、趙守荣、齊仲景、原可端、原世旺、刘三才、刘三車、牛化麟、許拔龍、崔毓奇、姜勤、范惟一、趙世宰、梁得才、俞汝用、朱運昌、張洪荐。助工：閆自民、刘氏、黄夏、勾玉、胡景夏、王自有、和□魁、李進禄、原府、武進礼、牛化蛟、趙從有、高應元、李進宝。

助工石匠汪喜貴，木匠李得仁，塑匠李思羕，泥水匠陳子敬。同立。

順治五年十一月吉旦。

164. 重修湯王老爺大殿碑記

立石年代：清順治七年（1650 年）

原石尺寸：高 73 厘米，寬 51 厘米

石存地點：焦作市博愛縣金城鄉武閣寨村湯王廟

〔碑額〕：……記

大清國河南懷慶府河內縣清下鄉一圖伍各寨村，居民會首皇甫傑、皇甫貴、李……湯王老爺大殿一所三間，年深日久，風雨悔壞。今本村會首等，仲冬發虔心……村人口平安，五谷豐登，田蚕茂盛，福有所歸。開列於后：

李從便施六二十千文，皇甫耕錢八千文，□居吳克已錢一千文，清化高治恩錢六百文，皇甫祥錢二千文，皇甫瑞錢二千文，皇甫閣錢八百文，皇甫仲錢一千文，皇甫竹錢五百文，皇甫臣錢五百文，程計太錢一千文，李一書錢一千文，李換松錢二千文，李從仕錢八百文，張際時錢一千文，宋魁錢一千文，經三才錢□百文，馬文京錢五□□，皇甫□錢一千文，皇甫□錢六百文，皇甫尚錢二千文，皇甫楚錢一千文，皇甫先錢一千文，皇甫道錢一千文，皇甫福錢一千文，皇甫存錢一千五百文，李三君錢三千文，□宗現錢一千文，李東營錢一千文，□鸞錢一千文，李一龍錢七百文，李從寬妻宋氏錢三百文，高一松錢一千文，李時見錢一千五百文、劉宗甫錢一千五百文、連九功錢五百文。長立善人皇甫望四子標禎□材，皇甫標錢二千文，皇甫禎錢一千五百文，皇甫平錢六百文，皇甫彩錢七百文，皇甫應錢六百文，皇甫士錢一千五百文，皇甫倫錢一千五百文，皇甫樓錢一千五百文，劉宗明錢一千五百文，李思恩錢八百文，李之英錢一千文，李之九錢一千五百文，張一春錢二千文，張一科錢一千文，張吳村：李守智錢五百文、梁九賀錢五百文。皇甫貴男：皇甫成錢一千文、皇甫仁錢一千文。皇甫鸞錢二千文，皇甫才錢一千文，□賀錢一千文，皇甫奇錢六百文，皇甫木錢一千二百文，皇甫榮錢五百文，皇甫友錢八百文，皇甫九錢八百文，桂計冬錢一千五百文，劉宗亮錢一千文，付三錢五百文，李從尚錢一千文，張一朋錢三千文，張一堯錢一千文，賀得恩錢五百文，賀得璧錢五百文。

木匠張進忠，石匠同尚□。

大清順治七年正月十三日。

165. 重修八里廟碑記

立石年代：清順治九年（1652年）
原石尺寸：高157厘米，寬82厘米
石存地點：濮陽市臺前縣夾河鄉八里廟村

〔碑額〕：重修八里碑記

重修八里廟碑記

八里廟，大河神祠宇也，以距村八里得名，創自□景泰間，敕封朝宗順正通惠靈顯大河之神，歲事祭四，北河使者主之。壬辰之秋，余往濟寧謁河臺，行茲，見廟貌□□，入而瞻之，知爲余同官□公嵩嶽之舉也，余於是欽神之，爲靈昭昭公之此舉□□□，國家以輓漕之治，縮轂南北，天下咽喉，張秋界於□廟，建是祠者，實有憑依河伯尸祝社稷之報，與世之□□福者有异。歷年久而震風陵雨，棟覆瓦摧，將古□龍蛇立，風月下舊矣。公以膺命視河，往來仰睇，惻然於心而神已默鑒所以。庚寅□□，黃流橫决，冲城蕩堤，如破浪之風，莫之或禦，而廟基寸許，岌岌然立洪波中不能囓，且漕艘雲行，揚帆無□，使非神爲之主，鮮不爲失虞者矣。公以地隸東阿，□史尹度材庇工，頓然起建重新之。余於是□□。公維新之意有大者存焉。聞之傳曰，凡有功德於民者祠之，况在軍國乎？其新之也，一曰楊王休，煌煌□□也，朝廷之寵靈不可褻也，是可新；一曰獎神功，天子有道，河瀆效靈，桃花無恙，神愛職也，是可新；一曰顯厥靈□鯢怒鯨山，奪海立而不能□廟基，靈有赫也，是又可新。既新矣，而公之功不可泯矣。嗣是而□□大顯，默相安瀾，鞏皇靈而保黎庶，且永水勿替矣。茲人士將爲祝，林□□祠壽域，與公并俎豆春秋，楊德遺於不窮者，余所以欽神之爲靈，昭昭公之此舉，善善也。是舉也，公成之，□君督之，而余且附青雲之□，亦與聲彪焉。是爲記。

欽差臨清磚廠工部營繕清吏□員外郎霍叔瑾撰文。住持道士張濟仁。

時順治九年歲次壬辰小春之吉。

166. 重建上古村白龍王廟碑叙

立石年代：清順治十二年（1655年）
原石尺寸：高110厘米，寬38厘米
石存地點：洛陽市孟津區平樂鎮上古村

〔碑額〕：重修碑記

重建上古村白龍王廟碑叙

天中洛陽迤東北，□師迤西北，盟津之陽有邙嶺，嶺巔有鎮，號上古村。其鎮坊由來舊矣，乃鎮之服田力穡者，望雲霓，思沾塗，祝秉穗，慶大有，罔不食□於司民之命，行天之意之神。鎮之人聚族而謀曰：非尊神不爲功，爰創殿宇三楹，繡像壇址，以爲歲時伏臘祈報之萬一也，而神有在天之靈，禱輒應焉，風雨露雷，不衍其期，血食萬祀。夫豈不宜祇以飄搖，日久垣頹壁圮，棟折榱崩。拜祝際深嘆褻越，神其無怨恫乎？衆等所服先疇，星列一方，人無夭厲，禾登茨梁，胥在尊神呵護之宇，不忍丘此神基。僉謀鼎建，又以弘構艱難，募緣附屬，共結盛舉，衆等一力，鳩工庀材，繕修孔殿，勤竣其功，俾久圮之基，聳然特立，翬飛鳥□，輝煌燦耀，詎不赫赫改觀哉！神宇爰妥，而祝逢年者，神其鑒焉；獻牲牷者，神其吐焉。則抒處者之獲福非□屑也，是可鎸碑以誌不朽。

計開善人：鄉宦王門寧氏、耿□王無頗、鄉宦王門李氏、李炯然、舉人劉文成、生員王鈺、李一鰲、李方秀、李翔雲、李有吉、王門陳氏。

功德主：王進官、王枝葉、和金聲、王尚訓、朱可体、□金□、張進忠、王文斗、董林、張鴻鼎、王加計、張文喜、郝守田、田九成、李承光、孫秀、王尚前、□鳴德、陳啓元、趙管榮、閆鴻義、趙亮、趙新學、馮應祥、田九旺、張弘、馬良財、劉自修、劉果松、劉世奇、劉敬、陳啓泰、劉□高、王際隆、和九宅、喬尚印、暴尚進、王信、張啓鳳、暴恂、劉玉、馬全、馬白。募緣僧絳庵、劉養玄、劉自奇、劉貴法、劉賓、劉成、張雲程、段一貫、黃義明、宋孟兹、劉養臣、劉養平、寧洪、王照宇、張可師、趙奇、靳盤、靳喜、夏時忠、和文爵、衛登顯、付君成、崔加召、崔文定、張啓藩、王進道、朱世省、陳中信、張世禄、高品、劉英、靳文秀、張可進、徐周、童振龍、喬第、陳中元、楊力、王成、王加財、李成、王成官、王子茂、袁家潤、丁家衛、陳恂、許忠元、靳文魁、宋可成、劉光印、白魁、宋孟弟、鄭吉祥、韓谷松、雷東海、王維豐、李淑世、吳謙、靳魁然、董一成、潘崇升、靳義、靳文玉、梁燦、崔加寶、潘崇高、王廷鼎、王三、崔加賢、宋化龍、崔加利、張鼎運。

高進尚樹一株，高三丈，大五尺。山西潞安府潞城縣趙國宦、趙家章、趙景熙，黎城縣王加云、李世宇、李思敬、付應才、張津、童養志、張炳印，懷慶府河內縣畫匠郭正陽、蕭培元，山西潞安府襄垣縣木匠趙進德，長治縣石匠常養詻刻。

同立。

順治十二年八月仲秋吉旦。

靈應碑

167. 靈應碑碑記

立石年代：清順治十三年（1656 年）

原石尺寸：高 56 厘米，寬 37 厘米

石存地點：安陽市林州市姚村鎮水河村蒼龍廟

靈應碑

大清國河南……鐵塘郊水……右函深亥……龍神居焉。自唐宋……戴歲值丙申……禾待斃，萬民……等詣洞取水……登山拜永聖……兩金妝龍神……西成有獲答報……妝顏三堂，聖像……竣開光，謹具名香宝……之於石，大彰靈應……

時本府知府宋可發，本縣知縣李秀，本村生員彭士口，引洞僧……

順治十三年十二月。

168. 重修昭澤龍王殿俚言

立石年代：清康熙元年（1662 年）

原石尺寸：高 115 厘米，寬 62 厘米

石存地點：安陽市林州市河順鎮河順村天堂山龍王廟

〔碑額〕：重修

重修昭澤龍王殿俚言

盖謂龍之爲靈昭昭，而所以感應乎人者冥冥。時而雷電交作，時而風雲馳□……非神之靈妙，何以至此。邑北有馬鞍山，有昭澤龍王尊神，不□□自何代，風雨□壞，廟宇隳頹。順治十八年，社首申天璽目擊心悲，慨然有重修之念，贊助募緣，宋明宇鳩工率作。十八年七月十九日拆殿，落於康熙元年七月初五日，果然殿宇輝煌，檐牙煥采，神像金妝，耀然一新。神威浩浩……揚□其盛，刊石流□，永垂不朽。

邑庠生員申岐周□手拜撰，書丹魏尚亮。

……捨檁門，李門李氏施梁一株，生員牛潘漪梁一株，牛成德梁一株，牛思能梁一株，李藩然檁一株。管□宋言，油符二□……二千二百□。河順集施錢十千四，□□米一斗。西亭問光獻戲。牛思謨、未射光、未天玉、李生貴、申天禄、魏天朝、李應成、王國煩、李連科、李国忠、李自旺、郭思秋、郭九朝、李茂管、李知才、李□安、未象德、申來化、申大瑞、王門未氏、未天興、馬如川、馬如興、王守、未天志、未天旺、王光玉、□□王氏。郭市周檁一株，李計運檁一株，李計德檁一株，呂□蒙檁一株，王國寧檁一株。未化于、未化枝、未天顯、未天理、未天欽、未天寵、未□申、未天臣、刘养志、趙顯珍、李繼芳、□忠、李尚實。申有昇、未金保、王如公、未怀民、翟忠鄰、王如增、侯成玉、王進才、未天□、芦尚路、張思順、未明□、□□力。（以下漫漶不清，略而不録）

康熙元年七月初五日吉旦立。

169. 重修禹王廟碑記

立石年代：清康熙元年（1662 年）

原石尺寸：高 223 厘米，寬 90 厘米

石存地點：鶴壁市浚縣大伾山禹王廟

重修禹王廟碑記

自洪荒初啓，淫水爲灾，浩浩懷山襄陵，下民昏墊。大禹出而隨山刊木，決九川，距四海，浚畎澮距川，水土既平而稼穡功起。凡我烝民得以粒食者，賴玄圭告成之功也。即吾浚黃流雖久徙而南，猶苦衛水汪洋，秋禾爲患，每勢臨衝決，而河伯效順何？莫非明神之默佑乎？禹導河至大伾，伾山之麓，禹廟由始，歷朝代有享祀，我皇清定鼎來，載在祀典，以報豐功厚德，非一日矣。邇來，廟貌傾圮殆盡，風雨不蔽。過其下者，每爲流連嘆息云。適杏山彭公祖諱可謙者，以忠烈名裔來攝吾邑。清操一塵不染，振刷百廢，能興惠政，難以枚舉。一旦顧禹廟而惻然曰："先王之制，祀典也，有功德於民則祀之，捍大患禦大灾則祀之，以大禹之德高千古，功被萬世，顧使聖座上雨旁風，曷以即安？"捐俸倡募，鳩工庀材，使輪奐聿新，觀瞻維肅。□不獨重朝廷之祀典以大崇報之恩，抑必與精一之心源有默相感□而不能自已者乎！夫山不在高，有神則靈；功必及遠，惟誠斯通。斯役之成功亦不在禹下，當與伾峰、衛流同高深矣。余爲此言，或亦附以不朽歟！

賜進士第、候補監察御史前翰林院庶吉士邑人馬大士撰文。

原任河南清軍驛傳鹽法兵備道李子和篆額。

原任河南清軍驛傳鹽法兵備道程浵書丹。

直隸大名府通判杏山彭可謙，縣丞張有孚，典史陶爾錦，儒學教諭冷然善，訓導王珹，署□巡檢陳策，兵部左侍郎劉達，工部觀政進士侯□卜，禮部觀政進士李□然，舉人劉芳譽、鄒□，原任文安縣儒學訓導王綱振，選貢薑廣心，廩膳生員毛文郁、李嚴己、周倫、王化普、王孫泰，原任宣大督標旗鼓游擊趙景雲，原任西安府前衛守備劉際□。

大清康熙元年歲次壬寅秋吉旦。

170. 北郊村重修三宗廟碑記

立石年代：清康熙三年（1664年）

原石尺寸：高115厘米，寬58厘米

石存地點：安陽市林州市原康鎮塑花山三宗廟

〔碑額〕：碑記

大清国河南彰德府林縣原康一里北郊村重修三宗庙記

盖聞庙宇之□，所以崇聖德、報神功也。神之福□□也愈隆，則人之報神也愈殷，□古迄今，所因然者。邑南四十里許北□村塑花山頂，有護□龍匡王、蒼龍二神庙一所，□知建自何代。至明朝正德以及□□，屢增修不替，今風雨摧殘，神像將圮。本村善人惻然動念，曰：沐人惠者必酬，食神休者必報。維此龍神，時雲時雨，惠我一方有豐年，叠至之休，無水旱不均之害，民安物阜，室盈子寧，神功亦既普矣。不惟是也，時值崇禎六年至十二三歲，凶年飢饉，寇盜蜂起，焚掠頻驚，致使邑民骨肉不相保全。維府建寨□頂，所過賊盜，秋毫無犯，是尊神固有以著其生養之功，未始無於與捍衛之力也。食其德而□圖其□，豈大情哉！固是率一鄉之衆，各發虔心，有財者輸財，有力者效力，命匠起事，督役赴工，庙貌既成，□像立就，□享以祀，永有所賴矣。我人崇德報功之念，不于是而克慰也哉，□我後人所當世世相承，增修勿壞也。爲此工成勒石，以垂不朽云。

貢生李維馨撰。

本村善人：侯良能、張豸、張堯、張葉、張奇翩、王金才、曹得才、□奇□、和氣太、王金棟、生員張培植、張奇羽、侯自力、張奇扇、張奇翔、張培初、張景、張居望、張奇士、李守□、侯養賢、張奇秀、張□旦、任守果、侯福、侯□法、曹福忠、侯自貴、張奇才、和□成、元士桂。

東溝村：元宰、閆清、元士智、閆傑、元士公、元守名、元津、元□□、元士卿、元士□、元士進、李九可、元士登、李克英。西崗村：元士聰、楊自信。栗园村：任門李氏、任士□。黑山村：王紹立、王鄉、李應魁、平命、李應元、秦登庸、秦士斌、秦怀遠、□紹□、平國勳、平君信、平□。馬巷村：張崇德。北山底：王加德、侯進名、宋時清。西溝村：□云盛。大峪村：申奇、侯謀大、趙文選。

木匠、泥水匠：任邦賢、男任自魁。塑匠：付九畴、郭自成、□怀德。

社首：生員侯敬賢，李守真男李加有、李加魁，張師孔。攢首：張奇□、秦氏，元士、秦氏。助緣道楊冲霄。東掌村石匠：秦□玉。

康熙叄年九月□日立。

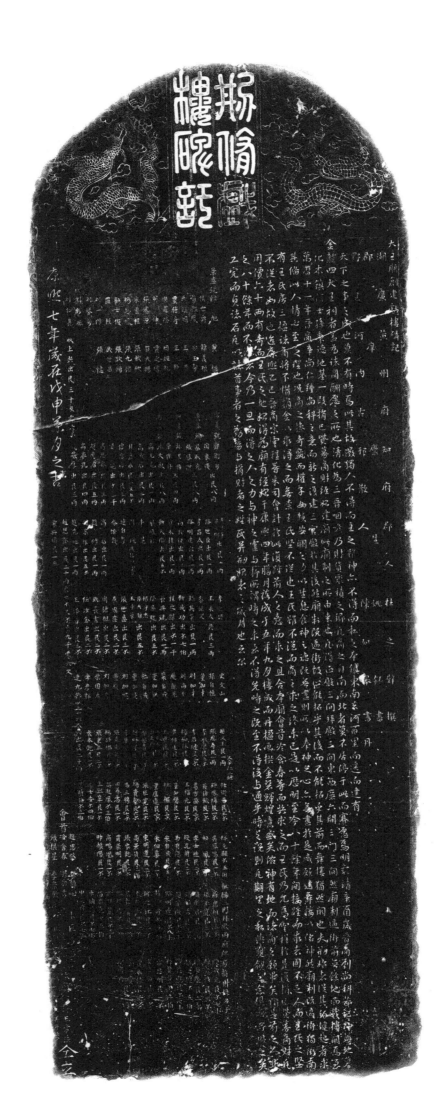

171-1. 大王廟創建戲樓碑記（碑陽）

立石年代：清康熙七年（1668年）

原石尺寸：高188厘米，寬76厘米

石存地點：焦作市博愛縣鴻昌街道大王廟

〔碑額〕：創修戲樓碑記

大王廟創建戲樓碑記

天下之事之成也，莫不有時焉，此其故微獨人不得而主之，雖神亦不得而私之。本鎮東南去河百里而遙，而建有金龍四大王祠者，蓋爲諸商酬愿之所也。清化爲三晋咽喉，乃財貨聚積之鄉，凡商之自南而北者，莫不居停于此而賽愿焉。明嘉靖辛酉歲，晋商劉尚科苦祀神無地，募化本鎮信士孫秉德地基一段，捐己資、募商財，經始建廟，此廟制之所由來也。凡得正殿三間、拜殿三間、東西廡六間、三門三間，然廟制逼街，前無餘地，而戲樓闕焉。至萬曆十一年，晋商辛尚仁踵尚科之意而新之，復建三官殿於其後，然廟制既逼街，故止能拓乎其後，而不能拓乎其前，而舞樓猶然闕也。夫創始者從其約、健起者求其備，此人情必至之理也，況商之操奇贏而權子母，賴安瀾之力以生息，食神之德既無盡則所以奉神之心亦無盡，於是咸願建舞樓以佑神。然廟制既逼街，獨街南有王氏房三楹，諸商將不惜捐金以求得之，而無奈王氏堅不從也。王氏雖不從，而商之求之終未已。是以歷明至今八十餘年間，接踵而求者固不乏人，而王氏之堅不從者如故也。迨康熙乙巳，晋商宋雲程等來司會計於此，復踵前人之意而求之。且合本廟會首冷含春等而共求之，而王氏乃允焉。雲程於是復捐己資、募商財，凡用價六十兩有奇，而王氏之地始得爲廟有。經始于康熙四年臘月，落成于五年九月，樓成而丹楹畫拱，金碧輝煌。噫，盛矣！佑神有地而諸商之願畢矣，□是前人之求之八十餘年而不得者，今乃一旦而得之，人之力與神之靈與，抑所謂時之未至不得先時之，既至不得後與？通乎時之況，則凡期望之私與覬覦之念，俱無所用之矣。工完而貞諸石，凡以諸首事者之勤勞与捐財者之姓氏，并創始者之歲月也云爾。

湖廣黃州府知府郡人杜之壁撰，郡庠廩生姚鈺書，野王河内古邘散人陳如皋書丹。

景盛號幃旭、侯世爵、荀麒鳳、武鎮國、賈待奇、周道隆、劉伸、張濬源、宋雲程、楊起鳳、郭士俊、羅桂、劉一傑、劉馨芳、劉彩鳳、劉仁長、黃楹、韓義禎、鄭玉馨、王恭、王勳、因維礼、賈之璿、賀天錫、張欲欽、張九緒、張欲錫、武世昌、張憓，以上共出銀三十兩零六錢；信義號郭衛旬、陶象復出銀八兩，廣盛號蔡耿光、張鳳翀出銀八兩，新盛號孫秉勝、柴作舟出銀四兩，禹盛號張大猷出銀八兩，高久兊出銀一兩，萬成店出銀三兩，日盛店銀一兩五錢，信盛店出銀三兩，逯宅出錢三千，高思齊出銀五兩，趙應召出銀五兩，高夢孔出銀四兩，□基厚出銀三兩，董承簧、梁之瑚出銀一兩，路世臣出銀一兩，李昌太出銀一兩，路明達出銀一兩，高敦復出銀三兩，□永桂出銀一兩，靳天階出銀五錢；梁鳳彩、牛晃、□瑾、趙自芳、喬培茂戲樓□全管；高店出銀一兩，趙鎛出銀一兩，□京祥出鍬五錢，趙兊祖出銀一兩，趙思登出銀二十兩零七錢，又錢十九千零六文；栗興周銀一兩；李之具、王永太、蔡繼文共銀三兩；孫其勳出銀一兩，靳成功出錢七佰，程之傑出錢一千，長興號出銀一兩，隆盛號出銀五錢；楊守忠、孫天禧、王承策出銀五錢，張世盛出銀三錢，秦國盛出銀二錢，周繼祖出銀二錢，耿長書出銀二錢，，任汝金出銀三錢，王澤普出銀三錢；史文山、孫自性、董加才、劉加才、劉尚仁、龐龍見、裴自成、董加德、杜自成、董加亮、

刘加□、董復□、刘加□、原国太、常彦祥、連九節，以上一六人共出銀二十兩；趙文玉銀一兩、又辛紅二櫃，張應寿銀一兩，李永康銀三錢，李若璉銀三錢，楊如林銀□□，芦傳廷鍛三錢，王世德銀三錢，王永太、許之琳銀三錢，郭登貴銀三錢，趙時□銀三□，李集□□□饯，張兂先銀三錢，楊興福銀二錢，張秉正銀三錢，袁本乾銀一錢，韓衛晋銀三錢，許鳳璘銀一錢，蘇绪軾銀一錢，葛方盛銀二錢，王福元銀一錢，鞏加璧銀一錢，杜樞銀三錢，董應遴銀二錢，張臣寬銀一錢，楊貴聲銀六錢，馮三聘銀七錢，田养志銀一錢，高起鳳錢三伯，王熙皋銀一錢，李士安錢四佰，裴積福錢三佰，路兂顯錢五佰、吳鳳鳴銀一錢，邹鳳銀二錢，李士然銀三饯，段兂前銀二錢，馬有德銀一錢，宋自成銀錢五□，朱伯華銀一錢，宋明道銀二錢，高景賢銀二錢，張象乾銀二錢，賈崇明銀一錢，高嶋凰銀二錢，邢振陽銀一錢。

妝飾二門、拜殿、兩廡、碑房捐財姓名于□：

高思祖銀三錢，孫玉崑銀三錢，趙應启銀一兩，孫毓秀銀三錢，趙宗歐銀錢七分，路明達銀錢八分，趙一奇錢三佰，何之江銀三錢，李世旺銀二錢，蔡存義銀二錢，路世臣錢五錢，許日昇銀錢五分，高夢堯錢五佰，米調鳴銀錢七分，申兂前銀錢七分，段啓元銀錢七分，陳敷政銀三錢，陳璧隆銀三錢，梁之璉錢五佰，樊從游銀錢七分，孫其熏錢五佰，常思明銀二錢，李崇敬銀三錢，賈永桂銀二錢，李一貴、謝應召銀一兩。

會首：趙思登、冷含春、張拱星、孫傳心、孫毓秀、李崇敬。

木匠：馬□□。

石匠李佩君。

本廟住持王常法，徒王守德。

同立。

康熙七年歲在戊申蘭月之吉。

《大王廟創建戲樓碑記（碑陽）》拓片局部

立契人王陰盛因无根貝坟树用今将自己祖业坊院一所坐

落五地坊内有楼房二间計他伯桃東西南三至同丹混北

径心四至分皆憑三家說責与

同中言定時值价紋良一十五两整其房即日交完其房即日

賣業如有房親户另人争竞係陰盛一面承當恐後无恐立

契存照

康熙四年九月十七日立賣契人王陰盛

同堂祖玉化曾

同族叔玉之瑋十

孫毓方十

王階十

康熙四年九月十七日立賣契人王

白桃房基地三分二厘基地在清上五亩四甲王春群名下開眼自康熙四五年

辦納粮盖

171-2. 大王廟創建戲樓碑記（碑陰）

立石年代：清康熙七年（1668 年）
原石尺寸：高 188 厘米，寬 76 厘米
石存地點：焦作市博愛縣鴻昌街道大王廟

　　立賣契人王際盛，因爲無粮銀使用，今將自己祖業房院一所坐落五地方，内有樓房二間，計地后批東、西、南三至司丹□，北至街心，四至分明。今情愿立約賣与大王老爺廟修蓋戲樓用。同中言定，時值價紋銀六十五兩整，其銀即日交完，其房即日爲業，如有房親户内人等爭房，際盛一面承當，恐後無憑，立賣契存照。

　　康熙四年九月十七日，立賣契人王際盛，中同堂祖王化魯、王化昇，同族叔王之璋。后批房基地三分二厘，其地在清上五圖四甲王春魁名下，開取自康熙五年辦納粮差。

　　同本廟住持王常法。同鄉社：□可寬、趙宗伊、孫延禧。

　　同會内人：張拱星、麻瀛、孫傅心、冷含春、王清正、趙思登、趙允本、李崇敬、孫毓秀、王階。

禹王廟碑文

172. 重建禹王廟碑文

立石年代：清康熙七年（1668 年）
原石尺寸：高 232 厘米，寬 88 厘米
石存地點：開封市禹王臺

〔碑額〕：重修碑記

巡撫河南等處地方兼理河道工部尚書都察院右副都御史正一品古燕張公諱自德重建禹王廟碑文

憶昔大禹鑿龍門、排伊闕，而平成奏績，固所稱功在萬世者也。自九河湮，入海不由碣石，河乃為中州患，非禹之舊迹矣。歷漢唐宋元，隨築隨決，載之史册者，難以悉數。壬午秋，闖寇鴟張，引河以灌汴梁，於是城垣傾圮，廬舍淹没，民盡為魚矣。甲申，我皇清定鼎燕都，屢有修復中州之議，乃國家初闢，民力難艱，遂爾中止。雖然，宵旰之憂未嘗頃刻忘也。閱十有九年，簡大僚中才望素著者，無如我大中丞張公，遂賜璽書，出鎮兩河。公下車，無日不以察吏安民為念，一時墨吏斂迹，名賢輩出。禁革火耗而鷄犬不驚，招撫流移而桑麻遍野。諸如念驛路之窮苦，爭三齊之舊制，念民力之已竭，停房竹之運夫，改折本色，免領茶馬，種種善政，昭如日星。而於治河一事，尤其所寢食不遑而日夜以之者也。公不憚寒暑，衝風冒雪，奔走河干，即九曲安瀾，而猶為未雨綢繆之計，較之大禹之胼手胝足不是過也。公見閭左漸有起色，堤堰又且無恙，乃奮然曰：傾城者河也，河治則城可修矣。乃特疏以聞，期年而萬雉雲連，望若列嶂，不費公帑一錢，居然一壯都會也。又念黌宮湫溢，俎豆無充，捐俸而宏其規制，斯文一脉賴以不朽。不特此也，古祐國寺以水湮故，茫不可識，公曰：此艮方形勝，當急為營構之。玉質金相，匝月而就，誠一時之巨觀也。且鐘鼓二樓，又將不日成之矣。總之，公終日乾乾，朝夕猶惕若，期無負天子特簡至意，故百廢具興，百度維新耳。一日，敵樓告成，公偕藩臬諸大夫行城四顧而嘆曰：城郭竣矣。城外東南巍然一臺者是何古迹？而荆榛至此耶？諸大夫僉曰：此師曠之吹臺，而後世以之祀禹者也。公曰：禹之明德遠矣，今之河水悠然安流遠逝，使余得以創建城垣者，固宗社生靈之福，而禹王相佑之力不可不報也。爰鳩工集材，歷數旬□，輪奐赫然，視昔有加焉。嗟夫！大禹之功，功在萬世；我公之功，亦在萬世。雖上下數千年，其揆一也。遂不辭固陋，序其梗概，使鑱諸麗牲之碑。

雲南按察司提調學政副使李光座撰。府庠生宋存仁書丹。

提督河南等處軍務許天寵，總鎮河南左都督蔡禄，布政使司布政使徐化成，按察使司按察使李士楨，驛鹽河道左參議上官鑑，糧儲道副使兼參謀張永祺，提學道僉事史逸裘，提學道僉事鄔景從，提標左營游擊周于仁，提標右營督工游擊陳泰，開封城守營都司任之炳，開封城守營都司郭漢，開封府知府吳宸誥，清軍同知王勤民，南河同知趙權，北河同知金夢麟，管糧通判吳景煒，中營中軍守備林旌，左營都司管中軍守備事胡兆駿，右營中軍守備陳應夔，城守營中軍守備郭重顯，祥符縣知縣聶琰，部院門下舍人張美紳。部院門下庚子科武進士王重禄，管工中營千總張峻，管工右營千總張峻、陳化龍，候推守備程元春，祥符典史李興衛，開封府城守營管工千總劉進朝，少室嗣祖傳法住持萬寧。

皇清康熙七年歲次戊申仲冬下浣吉旦。

173. 玉帝廟碑記

立石年代：清康熙九年（1670 年）

原石尺寸：高 180 厘米，寬 69 厘米

石存地點：新鄉市封丘縣居廂鎮安上集村天爺廟

玉帝廟碑記

平丘之北三十里地名興安，泉甘而土肥，林木叢茂，居民多善。其村之陽有巨丘，河遶其南，林茂於北，有山明水秀之异焉。余嘗與二三耆老杖履逍遥於其下，見丘之出於林木之上者纍纍然，如人之旅行於墻外而見其髻。時陟其巔，怳然不知其丘之高，而以爲地之踴躍奮迅而出也。且雲气藹然，恒若有神聚其上。凡士君子之過其地者，無不望而震曰：勝哉斯地，盍修祠宇以映文明之瑞乎？及順治戊戌，苟大暵，群鄉人而禱于丘，時雨果降，三日乃止。郡令屠公悉其事而异之曰：兹非神之鍾靈不及此，當建玉帝廟於丘巔，以爲一方之望。遂使耆老靳某等結會募化，措辦物料，至庚子夏，而正殿落成。自是環居之民，歲時朔望必祭，水旱疾疫，凡有求必禱焉。後四年，女善朱氏募化金妝，神像維新，而拜殿亦成。又口三年，住持張一鴛竭力苦化，門樓克修，百堵俱興。且鑿泉於南，引流種樹，以爲久遠之計焉。古人云：積土成山而風雲興，積善成德而神明昌。聖心循雖閣廊等工雖未觀成，而物料已積，倘莫不厭斯民，無旱乾水溢之苦，數年内工之成就，又不知當何如也。非巍巍然千古之勝地，平丘之偉觀哉。此雖興安之居民善念所成，實地運之效靈莫心之感應也。是用勒石，以垂不朽云。

黃池貢生李口純頓首拜撰，南燕居士岳駿聲熏沐拜書。

化主朱氏，會首武之屏、武之旺（施廟前地八畝），孫興祚、劉應甯、靳文徵、孫雲水、張世顯，石匠李廷蘭同立。

康熙庚戌夏四月吉旦。

174. 重修龍王廟碑記

立石年代：清康熙十年（1671年）

原石尺寸：高112厘米，寬58厘米

石存地點：安陽市林州市任村鎮陽耳莊村

〔碑額〕：重修

重修龍王廟碑記

建廟何昉乎？凡有功德於民者，則特立以祀之耳。昔唐大臣狄仁傑巡撫江南，奏毀五楚淫……於所存者，惟有夏禹、泰伯、季子、伍員四祠而已。觀其淫者必毀，則知其貞者□□也。□□舊有玄天上帝巍□併護國□□□王龍王、白龍王廟，其來遠矣。邀神之眷者，□□年世子茲敢□從來□關以□□□□以食□□至食之□自出，則惟是嘉禾遍野，良苗懷新。而又恐蟎蝗之爲灾，雨暘之不時也，閔閔焉，所冀望而待澤者，上帝與龍神而已。何也？上帝好生，□日不□，仁愛斯人爲心。而飛甘洒潤，承帝命以膏下土者，龍神也。然龍之爲説不屢矣，或謂春分升天，秋分潛洞。又謂神龍見尾而不見首，屈伸變化，莫可端倪。此皆言龍也，而非龍之□也。龍王者，因驅馭夫龍，以作呼風雨者也。雷雨滿盈，萬物化生，以介我稷黍，以穀我士女，時和年豐，家給人足，孰非神以之普賜也哉！然神之福人者無窮，人之戴神者宜永。但斯廟之創建，其始已不可考，按重爲修葺，乃在明嘉靖三十九年，至今歷歲已多，飄颻剥□，昔之焕美者，今復傾圮矣。噫嘻！神無以栖，人曷以安乎？社首楊乾秀等率社人，鳩工庀材，□暨茨之，又丹□焉。於帝□之昔止殿庭者，今所□檐宇不惟殿□有地，而風日免吹射之□，於龍神之原立法像者，今膚大神躬，不止壯夫瞻□，金碧昭輝煌之彩。其工起于康熙十年正月□□日，迄六月十四日告竣，因立石以紀之，俾遞傳于後，□禱□□□應廟貌□□修其□□其墜以嗣以續讀書之人云爾。是爲序。

清康熙拾年歲在辛亥六月上弦日，邑人貢生許子傑薰沐撰。

175. 重修龍洞記

立石年代：清康熙十一年（1672 年）

原石尺寸：高 60 厘米，寬 168 厘米

石存地點：鶴壁市浚縣大伾山龍洞

重修龍洞記

古昔帝王望祭天下名山大川，五嶽視三公，四瀆視諸侯，凡以報其有功於民，而爲百物之所自生也。吾浚大伾，雖不列於五嶽，而形勢巍峨，峰巒聳秀，屹然縣治東南。其巔有穴，深邃莫測。相傳龍從此出，故名龍洞，又呼爲西陽明洞。神物主之，興雲致雨，有功於民，其來久矣。前代祠祭廢興，遠不可稽。宋政和八年，敕封"康顯侯豐澤廟"。嗣後，雨暘愆期，祈禱輒應，載在碑記，歷歷可考。年來風雨剝削，祠宇傾圮，僅存其址，莫爲之理。吾邑頻遭水旱，未始非明神怨恫也。邑侯劉老父母以公輔之才來宰吾邑，厘奸剔弊，興廢起衰，凡有關於民瘼者，無不悉力爲之，以仰副聖天子求寧觀成之意。登臨伾峰，顧廟貌頹廢，惻然念之曰："有功則祀，國有典常，曷急謀修葺之。"而又不忍勞子來之衆，特捐清俸，庀材鳩工，以奠神居而崇奉焉。夫誠能格天，有感必通。邑侯求民之莫，誠敬備至，使祭有所歸，神有所栖，原非徒增伾峰美觀也。從此風雨以時，屢豐致頌，則神之報我侯者，與伾山日永。而我侯之功在斯民者，亦與龍洞不朽矣。是役也，經始於康熙十一年七月廿一日，落成于本年閏七月十五日。邑侯劉公，諱德新，開原人也。至督工方秀亦有事於斯役者，士躬逢其盛，敬助涓滴以效厥事。謹記。

文林郎知浚縣事開原劉德新。

監察御史加一級邑人馬大士。

同重修督工僧官方秀。

康熙十一年歲次壬子孟秋吉旦。

176. 龍洞

立石年代：清康熙十一年（1672年）
原石尺寸：高50厘米，寬140厘米
石存地點：鶴壁市浚縣大伾山龍洞

康熙壬子孟秋吉旦。
龍洞。
浚令劉德新題。

清（一）

古 重 池

177. 古黄池碑

立石年代：清康熙十二年（1673年）

原石尺寸：高190厘米，寬53厘米

石存地點：新鄉市封丘縣荊隆宮鄉壩臺村古黄池

古黄池

春秋哀公十四年，公會□侯吳子於此。

賜進士封丘縣知縣汶上岳峰秀立。主……書。

大清康熙十二年五月。

清（一）

178. 游靈山報忠寺鳳凰泉

立石年代：清康熙十六年（1677 年）
原石尺寸：高 35 厘米，寬 75 厘米
石存地點：洛陽市宜陽縣靈山寺

游靈山報忠寺鳳凰泉

宜陽西去是靈山，路搏溪流第幾灣。

雨積苔深千佛圮，風激松静一僧閑。

愧無佳句酬名勝，賴有澄潭照客顏。

坐久不知春已暮，飛花時帶夕陽還。

其二

鳳凰曲徑遍蒼茫，雲鎖禅房晝不開。

古寺荒烟碑斷續，靈湫初草水濚洄。

甘同洗耳臨流坐，爲愛看山冒雨來。

忽憶西南征戰地，班聲日暮動黄埃。

康熙丁巳三月上浣。

關西楊素蘊題。（後刻 "楊素蘊印" "曲突徒藝" 二印）

清（一）

重修碑記

（月）（日）

重修夏禹母廟碑記

由來帝王之興也有聖母以佐之天下沐吾君之澤者因以念及聖母之後祀之不朽人情大抵之炎……

179. 重修夏二母廟碑記

立石年代：清康熙十六年（1677年）

原石尺寸：高116厘米，寬57.5厘米

石存地點：洛陽市偃師區府店鎮雙塔村

〔碑額〕：重修碑記　　日　月

重修夏二母廟碑記

由來帝王之興也，有聖君必有聖母以佐之。天下沐吾君之澤者，因以念及聖母之佐，常祀之不朽，人情大抵然也。是以慶都有堯母廟，湘江有舜妃廟，岐豐有文母廟，即吾洛亦有漢文帝母薄太后廟，□曰薄姬廟。如土良鎮之雙塔，又有啓母廟。昔夏王禹之后塗山氏諱曰趫，歷辛壬癸甲四日至十月生啓。塗山母撫啓教養，□禹治水，俾無內顧之憂，是以四載之苦，八年之久，雖三過其門，亦不顧也。惟荒度隨刊通九河，匯三江，決汝、淮、濟、泗水由地中，行人享安居之樂，又喜耕種之壤，且建□以首春立貢，以垂法使天下因時趨事，隨土出賦而不爲百姓害。凡若此者，雖曰禹王明德，亦安知非正位中宮者，有以□□□不寧。惟是塗山后，見堯之子不肖，舜之子不肖，勤訓啓，闡危微，警精一，令其子賢而不類於堯之朱、舜之均，其德又如是昭昭也。禹廟遍天下，其緣以祀后者不知凡幾。今嵩山之北、峨嶺之西、緱山之東、五父衢之南，景曠而勢奇，幽澗層嶢，翠陵環拱，勝地也。創廟三間，繪像尸塗山后焉，名曰啓母。因其后，又思及禹之妃，亦繪像與祀，名曰少姨母，亦土人仿佛娥皇、女英之遺□焉耳，亦無非美禹之功德，進而益進之心也。自立廟以來，母德垂注，時和年豐，家家安樂。無奈，世變寇起，廟宇傾圮。有本村人薛君諱世臣等，素所稱好善人也，慨然念廟，起而修之，募化衆善，舉門廡、榱棟、椽瓦、周壁，莫不煥然維新。凡進香叩神者，睹巍華之宇，謁二母之容，爲夫者正位於外，不牽其內；爲婦者正位於內，不制其外。母訓子，無不慈之母；子尊母，無不敬之子。且嫡與庶各安其分，而相濟其道，以是永享二母之靈佑也。豈不休哉！豈不盛哉！薛世臣之子諱秉哲者，繼父□□，行孝建□□□列銘，復刲牟告神聯社，以爲年年奉祀。□予僑寓緱山之左隅，有喬兄習孔乞文於予，予何文，唯是舉其□□之由來，與修廟之始末叙而筆之，是爲記。

洛人郭庚星題於夾谷之梧屏館，子振儀書。

社首：薛世臣、王朝陽、郭一法、郭一通、郭景春、郭景瑞、趙玉、馮思敬、王錫韓、郭一度、裴有法、高化雨、劉得洪、結文斗、郭景述、郭景秀、宋可久、高化亨、郭一享、薛秉良、裴有貴、郭一昇、郭一明、郭一會、郭冲霄、臧大林、胡坤、李士发、宋秀、高化林、李計□、楊太利、王朝器、吳自學、結文順、王得位、李可仕、劉君召、張文魁、師傑、丁有臣、郭景象、周滿庫、郭景遇、趙起旺、趙自友、王道明、高門孫氏、郭門薛氏、王世仁。

木匠：高九興、李大旺、王法志。

金素匠：張逢春。

石匠：武之尚。

康熙十六年九月二十日立。

碑記

觀古條大侄山巔之修石岩上鑒晉菩薩聖像傍者金童玉女護法兩神不知起別何時創自何人皆競視所以焚祀者然噴雨即應禱雨即應有神像何香火狹隘人也城內張夢亨等共焚屢誠每遙聖誕必過之參□□世期若輸資財修雕上供相繼有□季亨等共悲甚降龍於□後□岩傍惟異後□君畫見儒其次煙沒香火不得刊剌岩流衍於無休豐特瞻菲之在昔次□衆善之不沒矣因勒石而為之記

卅福觀舉慕義俾香火□□□

仰抑旦□□唐克勤鈕文明王文□李作□趙國典何黃儒張之標

倡官方秀劉培元周□□強□□直尚禮

萬申秉鳳李□□

康熙十□年歲次己未孟夏吉旦

石匠張崇文鐫

180. 張夢亨等輸資財碑記

立石年代：清康熙十八年（1679 年）
原石尺寸：高 92 厘米，寬 90 厘米
石存地點：鶴壁市浚縣大伾山觀音寺

〔碑額〕：碑記

古浚大伾山巔之陰石岩上鑿觀音菩薩聖像，傍有金童、玉女護法兩神。不知起於何時，創自何人。岩上刊題"遇有亢暘禱雨即應"，但規模狹隘，人皆藐視，所以焚祀杳然。

噫！既有神像，何香火之寥寥也？城内張夢亨等共發虔誠，每逢聖誕成道降龍之期，各輸資財，修醮上供，相繼有年。亨等恐其年久湮没，香火不繼，刊刻岩傍，惟冀浚之君子見像作福，睹舉慕義，俾香火流衍於無休。豈特瞻拜之有仰，抑且衆善之不没矣。因勒石而爲之記。

會首：張夢亨、王元吉、申乘鳳、劉培元、唐克勤、鈕文明、李珆、周之强、王文秀、李作楫、王繼爵、康振基、直尚禮、趙國興、何漢儒、張之標。

僧官方秀，□官李□□。

石匠張崇文刊。

康熙十八年歲次己未孟夏吉旦。

181. 重修上古村龍王廟□溝橋碑記

立石年代：清康熙二十一年（1682年）
原石尺寸：高67厘米，寬34厘米
石存地點：洛陽市孟津區平樂鎮上古村

〔碑額〕：重建善橋

重修上古村龍王廟□溝橋碑記

村□東有塹界道路，舊設土橋，以通往來，至便也。經時久遠，山水□□，不但阻絕行旅，即□村□帶耕餉，往來一切維艱。茲有本村人等各捐金資，信士□□，即變成盛事，維不能視昔有加，而廢者修之，墜者舉之。□行者所見，却步興涉者，不至□□，未必非合人情，宜土俗之一助也。工□告□，勒石以誌，敢曰爲善，亦□補偏救弊，人有用心，冀是舉之常繼云爾。

計開□□列氏於後。（以下姓名，略而不記）

康熙二十一年歲次壬戌二月初四穀旦。

清（一）

455

182. 塑五龍神像碑引

立石年代：清康熙二十一年（1682 年）
原石尺寸：高 49 厘米，寬 74 厘米
石存地點：鶴壁市浚縣大伾山龍洞

塑五龍神像碑引

□□衛公受龍□之□□馬□□滴雨膏□地三尺。興雲致雨，龍□專司，理固然也。此山龍洞爲□□□□之一，□雨則天色具晦，雲氣蒸然，山民祈求顯驗，載在志乘。□□□□□深等□閭里善衆捐資塑繪，焕然一新。寧僅壯□□□□亦异□□□方沾足以時三農咸利也。使陽無愆□無□斯民力穡，有秋則□□豐盛。以響以祀，固體之常，苟或不然，齋誠禱□□□不爽□□靈之，可恃者也。而謂□舉非不朽盛事歟？工□□□筆書此，□記姓氏于左。

康熙二十一年歲次壬戌菊月上浣之吉。

前兩河觀察使臣、邑人李子和謹□。（以下姓名，略而不録）

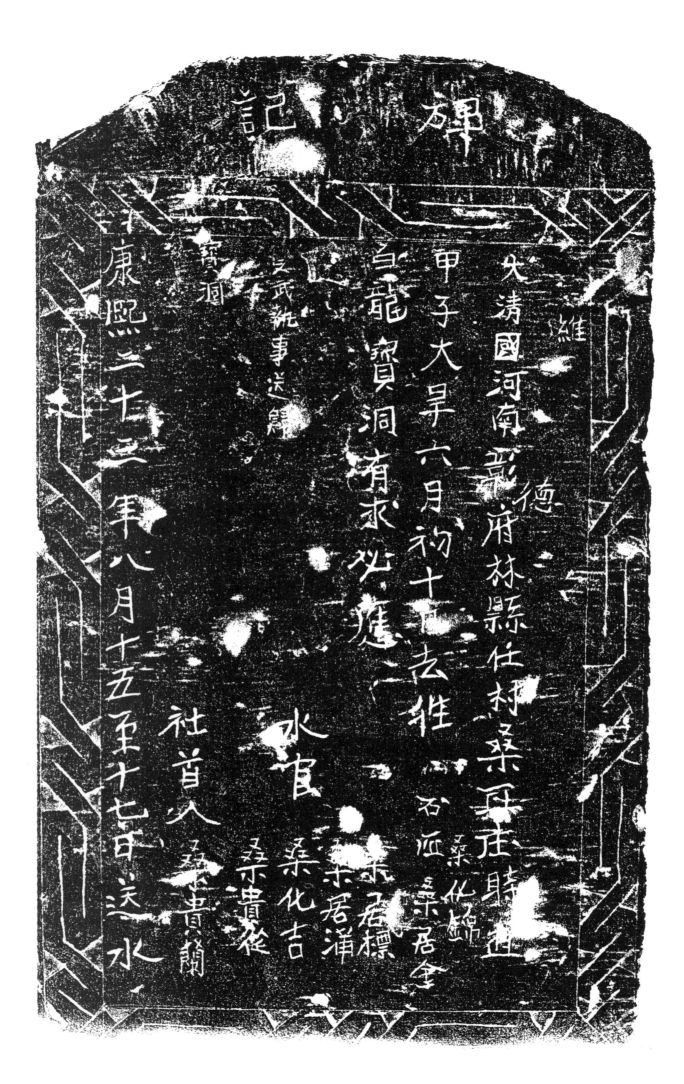

碑記

大清國河南彰德府林縣仕村桑...

甲子大旱六月初十...

白龍寶洞有求必應...

康熙二十...年八月十五至十七...送水

183. 大旱祈雨碑

立石年代：清康熙二十三年（1684 年）
原石尺寸：高 59 厘米，寬 34 厘米
石存地點：安陽市林州市任村鎮豹臺村白龍洞

〔碑額〕：碑記

維大清國河南彰德府林縣任村桑耳庄，時值甲子大旱，六月初十去往白龍寶洞，有求必應。文武執事送歸寶洞。

社首人：桑貴蘭。水官：桑貴從、桑化吉、桑居蒲、桑居標。

石匠：桑居全、桑化錦。

康熙二十三年八月十五至十七日送水。

清（一）

184. 創修九龍聖母碑記

立石年代：清康熙二十三年（1684 年）

原石尺寸：高 85 厘米，寬 68 厘米

石存地點：洛陽市新安縣鐵門鎮龍澗村

〔碑額〕：□清

創修九龍聖母碑記

嘗考史，名山能興雲致雨則祀之。凡無功於名教，生民……九龍廟久矣，澗以龍爲名，其下清泉涌出，林木蔭翳，爲居龍……九龍之神，其靈妙變化，殆未可以端倪測度者矣。歷來旱……顏色，誠祈於廟，而四父母陶公跣步贊之，須史……子曰：宜陽西南有铁索溝，聖母在焉，大旱則輦九龍於此取瓶水而歸，歸……母其未可忽也。□率衆創祠於廟後，功□落成……父母，百神俱代天宣化者。聖天子孝治天下，錫類萬國，神亦如是乎。

賜進士出身奉欽取裴素沐手拜撰。

功德主：（以下姓名，略而不錄）

康熙二十三年九月二十九□。

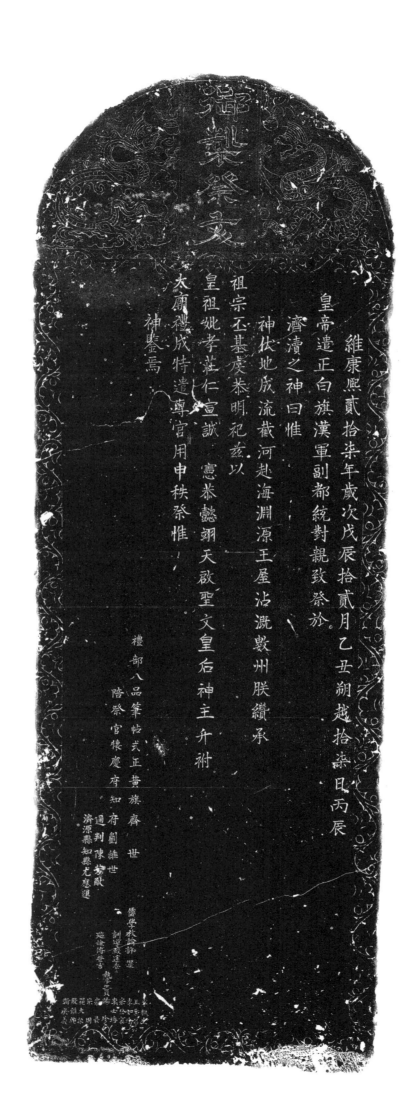

維康熙貳拾柒年歲次戊辰拾貳月乙丑朔越拾柒日丙辰

皇帝遣正白旗漢軍副都統對親致祭於

濟瀆之神曰惟

神伏地祗流截河赴海淵源王屋沾溉數州朕續承

祖宗丕基虔恭明祀兹以

皇祖妣孝莊仁宣誠

憲恭懿翊天啟聖文皇后神主升祔

太廟禮成特遣專官用申秩祭惟

神鑒焉

禮部八品筆帖式正黃旗齊世
陪祭官懷慶府知府劉維世
通判陳芳獻
濟源縣知縣尤應運

儒學教諭□遷
訓草數達卷
□後傳登言
藝亭貢□

185. 清康熙二十七年御製祭文

立石年代：清康熙二十七年（1688 年）
原石尺寸：高 204 厘米，寬 79 厘米
石存地點：濟源市濟瀆廟

〔碑額〕：御製祭文

維康熙貳拾柒年歲次戊辰拾貳月乙丑朔越拾柒日丙辰，皇帝遣正白旗漢軍副都統對親致祭於濟瀆之神曰：惟神伏地成流，截河赴海，淵源王屋，沾溉數州。朕纘承祖宗丕基，虔恭明祀。茲以皇祖妣孝莊仁宣誠憲恭懿翊天啓聖文皇后神主，升祔太廟。禮成，特遣專官，用申秩祭，惟神鑒焉。

禮部八品筆帖式正黃旗齊世，陪祭官懷慶府知府劉維世，通判陳芳猷，濟源縣知縣尤應運，儒學教諭許擢，訓導較邃養，巡檢傅登吉。

執事生員：李恒生、王業昌、李如珍、宗登堯、李士璠、楊珍、宗最、宗周、翟大振、殷維翰、靳於義。

重修萬安山白龍王廟碑記

186. 重修萬安山白龍潭白龍王廟碑記

立石年代：清康熙二十九年（1690 年）

原石尺寸：高 164 厘米，寬 65 厘米

石存地點：洛陽市伊濱區李村鎮葦園村

重修萬安山白龍潭白龍王廟碑記

中原挺特英偉之氣，結爲嵩山一支，西□分爲萬安山。山之陰，威潤澤之氣又聚而爲湫潭，主此潭者，實惟白龍尊神，餅罍罐勺可以雨天下。緣是詫此潭之靈异，遠與近無异□也。其崔巍高聳，臨於潭上者，非白龍王廟也耶！溯廟所由昉，敕建於□□六年，復修於□□元年，重修於嘉靖四十五年。迄今，風雨剝蝕，將至傾頹。舊詩云：破祠低拱行饑鼠，廢址枯楊立怪鴉。言之惻惻動人，但附近居者各田爾田，宅爾宅，僉畏山高路崎，木石磚瓦轉運倍難，謀及功德主，輒拂□□卸，惟恐不速。有郭君諱維藩、孫君諱學孟者，登其巔，睹其圯，不禁毅然自任，曰：億萬衆所□庇者此廟也，豈其聽其廢壞於荒烟荒草間，功德主吾二人盍勉任焉。賴釋子宗印同心戮力，相爲募化，四方君子，有財者願輸其財，有力者樂效其力，築之登登，削□馮馮，廟貌□整，神像輝煌，厥功告成焉。雖曰衆善所爲，而首事創先，不憚勞瘁，不惜資財者，厥惟二公之力爲□云。《祭法》曰：先王之制祀典也，能興大利，則祀之。龍之爲靈昭昭也，噓氣成雲作甘霖，以利天下，豈曰小補云爾哉！并勒於□，以誌不朽。

欽賜翰林院庶吉士袁拱頓首撰文，洛陽縣儒學生員郭元昌盥手書丹并篆。

洛陽縣正堂修學翰施銀三兩，杜懷赤施柏樹六株庙前栽。

功德主：郭維藩同男府學生員壽昌施銀柒兩，功德主生員孫學孟男府學生員時敏貢監時恭施銀四兩壹錢，信士郭維翰男府學□廣生員世昌施銀貳兩壹錢，信士生員范可□男生員安仁施銀二兩。

住持僧：宗印。徒：道玉、道寬、道祥、道雲。孫：慶會、慶琇。木匠：吳國楨。泥水匠：董瑾。石匠：關自本。

同立。

時康熙二十九年歲次□□季夏吉旦。

重修衛源廟碑記

187. 重修衛源廟碑記

立石年代：清康熙二十九年（1690 年）

原石尺寸：高 189 厘米，寬 71 厘米

石存地點：新鄉市輝縣市百泉衛源廟

重修衛源廟碑記

　　蘇山之下有百門泉在焉，泉爲衛水所自出，故泉之上建衛源廟，立神以司之。蓋百泉之水，廣不過數十畝而贏，深不過二三尺而止。然水之出也，噴涌如貫珠狀，涓涓不息，而潺湲之聲，固晝夜未嘗間也。淵涵澄澈，荇藻交橫，其下十五里内，建有五閘，以時啓閉，由東南至新中，縈折而回，即爲衛河。東北與淇水合流於漳，會於清源，足以濟漕艘之遄行，餘亦以灌本邑之稻田百有餘頃，上下咸資，爲百世永利。是以設廟事神，載在祀典，誠甚重也。考其廟，肇建於隋，歷代崇祀，稱靈源公。宋宣和七年，封威惠王。至大明洪武十一年，革前代濫封，止稱衛源神。每歲四月八日，郡守主祭，祀事告虔，有其舉之，莫敢廢也。迨歷年既久，兵燹屢更。一修於宋之慶曆，至金明昌間，李公重修之。元至治間趙公、至正間伯顏公繼修之。至元三十一年，衛輝路總管井公上言，檄知州司公更新之。暨嘉靖三十三年，巡按霍公復下令飭治，自殿寢廊廡及内外角樓繚以周垣，益拓其舊址，而宏壯邃蕭，倍勝於當時矣。迄於今又百餘年所，其風雨之摧殘，與鳥鼠之剥落，幾無以妥神靈、爲俎豆光也。余見而不禁憮然，不忍其即于傾圮也，於己巳冬，捐金興修。孫公和嘯臺、邵子安樂窩及百泉之清暉閣等處即整飾。廟之山門并門傍兩大神像、左右之鐘鼓二樓，皆整整改觀矣。及閱大殿、寢殿至各廊廡，風日幾不蔽，而椽瓦多毀折者，余曰：此非大工不足以竣事，姑俟之。值大中丞閆公撫軍全豫，一切興廢舉墜之事，凡有利於國與民者，靡不次第力行之。乃聞而嘆曰：祀典之關於民社也久矣，有功德於民者祀之，能禦大災、捍大患者祀之。今衛源神上濟漕運，下灌民田，且能於地方水旱禱之徹應，又久在祀典，而令其祠宇傾圮，豈所以妥神靈之意乎？即蠲囊中金以倡之。予亦竭蹶捐助，以襄厥事。爲之經紀其材具，會計其工役，首葺前後殿，次及左右五龍廟，次及東西兩廊廡，爲楹二十二有奇。瓴甓之損缺，榱棟之腐敗者，皆撤而更新之，完飾神像塗，暨垣墉以至户牖、欄檻之屬，莫不煥然備矣。余復慮香火者無人，非久計也，命道人杜陽觀等焚修其内，爲置買義田六十餘畝，以供朝夕，庶管理有託，而事可垂久。始於庚午之十月，於十二月之終旬落成之。夫蘇門之山水，亦甚渺小耳，非有嶔崟澎湃之奇觀，而古今人嘖嘖稱道不置者，以孫隱士樂道其中，暨夫邵堯夫、富鄭公、司馬温公、二程夫子以及耶律、姚、許、竇默諸君子講學斯地，得人而名益彰。今日復舉衛源廟而修之，亦或得附於宋元明諸君子之後，藉以觀覽焉，未可知也。

　　康熙歲次庚午冬十二月穀旦，輝縣知縣滑彬撰并書。

黄河流域水利碑刻集成·河南卷 二

468

188. 重修禹王臺碑記

立石年代：清康熙三十年（1691 年）
原石尺寸：高 232 厘米，寬 80 厘米
石存地點：開封市禹王臺

〔碑額〕：重修碑記
重修禹王臺碑記

大梁，中原一大都會也。昔周之分封，宋之開基，皆在於此，故其間宮闕之嵯峨，垣墉之鞏固，與夫千門萬户、三條九陌之盤紆，甲於天下。自夫黃流一決，則高者湮而爲谷，深者壅而爲丘，問向之嵯峨、鞏固而盤紆者，一旦舉成巨浸矣，而南郊之禹王臺則巍然獨存。夫禹王臺，昔名吹臺，一名繁臺，又曰平臺，蓋晉師曠創之，而漢梁孝王增飾之者也。昔人于此建禹王廟焉，是大禹之明德，所以呵護，于是者寧不歷千萬祀如一日哉。夫水患莫甚于河，而古來善治水者莫過於禹。禹之治水也，以河爲急，自積石歷龍門，至于華陰，而河始入豫州。凡五百餘年，商受其害，屢決屢遷如避敵。然又千餘年，漢顯宗命王景治汴堤，而河之得安寧者，復千餘年。嗣是而宋決滎澤，金決渦渠，元決樂利。迨明則未有十年不一決，五年不一修者。大梁之名猶是，大梁之城郭井疆，已不可過而問矣。本朝定鼎以來，亦常一決朱源寨，再決荊隆等口。近賴我皇上聖神天縱，洞悉源流，諸所當開塞，咸稟睿算動而有成。前歲躬詣禹陵，行祭告之禮，故天昊海若，罔不怵惕。則是平成之烈，昔在大禹者，于今而復睹我皇上也。臣承命撫豫，三年於兹，河戢波瀾，民安耕鑿，念無以答神之庥，而酬德于無窮，因思禹王臺半侵於風雨，半穴於鼪鼯，因爲之捐俸，畀開封同知王永義董其事，繕修廟之廢墜，整理臺之傾圮，計工若干日，皆不敢以絲毫累民，亦不以煩守土者。既咸落成，令有司歲時致明禋。於是登高而望，東潁西洛，南淮北濟，湯湯者流，各安其位。而河橫亘其間，不震不驚，舳艫帆檣，互相上下，此誠大禹之所呵護，以使民安其田里室家，而皆我皇上所感通而昭格者也。故大梁之遺迹，百無一存，獨有此臺可以彰神功而符景運，臣安得不亟亟焉爲之塈茨，爲之丹臒也哉。爰是稽首疏請御旨，頒□以光廟貌。幸蒙諭旨，行見雲漢之章，與成平之績，萬古爲昭矣。因拜手而獻頌曰：粤若陶唐，襄陵是思，灑沈澹灾，時惟神禹。顧瞻河洛，明德方長，厥後播遷，來嚙大梁。數千餘載，刑牲用璧，一人負薪，群臣犍石。河伯效靈，佐我神聖，廟謨孔多，功同文命。帝曰非予，禹所隨刊，□視下民，畀以安瀾。作廟吹臺，枚枚奕奕，于萬斯年，河流永翕。萬言入告，焕發天章，昭融四表，旭日争光。

巡撫河南等處地方提督軍務兼理河道都察院右副都御史加四級宣府閻興邦撰文，河南等處承宣布政使司布政使加四級田啓光書丹，河南等處提刑按察使司按察使楊鳳起篆額，管理河南通省驛鹽兼理糧儲分守開歸河道布使司參政韓俊傑，河南通省巡理河道提刑按察使司僉事加一級牟銓元，開封府知府加一級蘇佳嗣，南河同知加一級王永義，管糧通判劉君向。

祥符縣知縣王鼎臣同督修立石。

康熙三十年歲次辛未季春吉旦。

御書功存河海記

康熙三十三年甲戌秋七月

皇上遣內閣中書齎帑金格

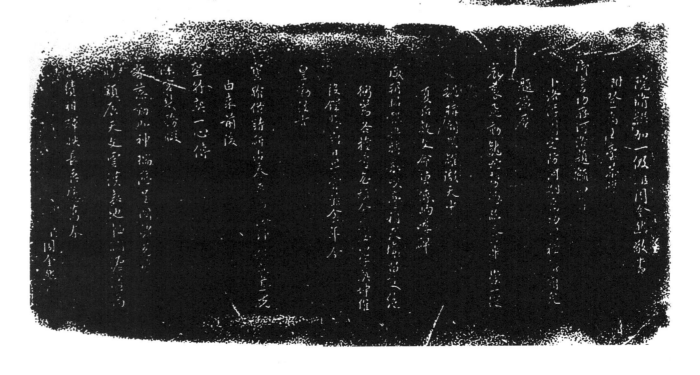

189. 御書功存河洛記

立石年代：清康熙三十三年（1694 年）
原石尺寸：高 32 厘米，寬 166 厘米
石存地點：開封市禹王廟

御書功存河洛記

康熙三十三年甲戌秋七月，皇上遣內閣中書穆東格、翰林院筆帖式米貴，齎奉御書"功存河洛"四大字，爲河南開封府禹王廟題額。維時臣國亮職叨豫藩，佐撫臣沜肇建御書樓三楹於廟前，爰命良工虔鉤恭勒，施於棹楔之首，諏吉高懸，霽日風清，日霽榮光萬丈，起而燭天。臣俯怛不能近視，惟與觀聽臣民拜忭於鳳翥鸞翔、龍跳虎臥之下，從茲持籌，餘暇恒時，瞻仰其間。越三載丙子，即蒙恩擢撫此邦，恪遵大禹政在養民之訓，政務簡而刑務清。期於府修事和，毋負聖明簡任。竊幸頻歲以来，時和年豐，大河安瀾無患，孰非邀神禹之靈，賴聖天子衽席蒼生，求寧觀成其意，以無虞隕。越乎今年，夏麥秋大稔，偕诸僚屬登禹王臺，觀民間刈穫，櫛比如雲，相与忻然而樂，以爲神貺之厚，視昔又倍焉。載瞻御書樓，翼翼然烏革翬飛，金碧輝映，金曰前此公故有御書扁額頌，蓋兼嵩嶽、淮瀆游梁并紀焉。惟茲樓爲特建，不可無專記也，盍補成之。則應之曰喈喈。徵君等請，固願有一言也。謹按：古今來聖神首出，若堯舜德之至者也，功則得人而成，□湯武功之至者也，德則因時而升降，若夫德侔二帝，而勛華⋯⋯

□□院修撰加一級臣周金然敬書。

附登禹王臺恭瞻御書"功存河洛"題額四首：

卜洛傳周宅，防河嗣禹功。□裡□廟貌，題識□宸衷。飛動龍蛇勢，憑臨□華崇。一柱魏構開，照耀徹天中。夏后敷文命，曾傳岣嶁碑。盛朝昭報典，特□吹臺祠。天壤留□絕，衡嵩各□奇。□煩金□秘，四字奠坤維。設□懸□日，卑宮菲食年。今皇勤法古，寶翰修精研。治奏平□□，神超□畫先。由來前後聖，符契一心傳。深宮幾務暇，睿藻動如神。瑞應呈閣渚，光□賜額辰。天文雲漢表，地軸潤瀍濱。禹績相輝映，長垂億萬春。

臣周金然。

190. 建造廠房碑記

立石年代：清康熙三十三年（1694年）

原石尺寸：高160厘米，寬72厘米

石存地點：焦作市沁陽市博物館

河南懷慶府爲酌議添造廠房以□儲備事。康熙三十三年四月……巡撫河南等處地方、提督軍務兼理河道、兵部右侍郎兼都察院右副都御史、加三級顧憲□：前事内開照得海州縣儲積穀石以備水旱久傷□□，皇上□慈爲民生至計，本部院恐各□廠房不敷，随處堆貯以致湮瀾。迨月□□處□巡按數追賠，□時□□□事□行，酌議添造。今據兹□詳報，必□□建廠房，庶足儲積。但今估計合用工料銀兩應於何項□用，伏候憲檄遵行等情。到部院總……合就撥銀建造，爲此票，仰懷□府□吏，文到即照數出具印領，嵩差的當員役赴開封府，於各官公捐銀内動發，一俟領銀回□呈速□□□……務於高燥處所建造，□完工日期具報，毋任胥役匠頭扣克工料銀兩，以致造不堅固，難垂永久。或將領回官銀隱匿，復行派累百姓，致取重□□□因奉此本府遵即出具印領，嵩差的役，赴開封府領回奉撥捐銀，備□料□，催覓匠役，擇吉於四月十八日興工，今於六月二十九日完工，并□□□捐銀……不堅，及派累百姓情弊，相應勒石，竪立倉前，以備日後稽考，按時修葺，垂之永久。仰副朝廷儲積恤民至意。

計開：

本府豐儲倉原有廠房九間，坐落城内東北，今添造倉廠三十二間，坐落本倉内堂。東廠房五間，西厢廠房九間，二門東廠房八間。

河南等處承宣布政使司布政使加九級李。懷慶府知府加一級劉，管糧通判徐致本。

康熙三十三年八月二十五日立。

191. 禹王臺記

立石年代：清康熙三十四年（1695 年）
原石尺寸：高 31 厘米，寬 102 厘米
石存地點：開封市古吹臺

禹王臺記

臺者何，游觀之地也。記者何，記游觀之勝也。古之君子，山川風物必有書，登臨眺望必有書，所以頌昇平而志燕喜也。而美勿專乎己，樂必同乎民，其念公其辭正也。梁以臺名千秋者三：曰繁、曰吹、曰平。繁不知何所昉，而吹之以師曠平之，以孝王昭昭也。於稽其地，蓋名殊而實一也。名殊實一，奈何先後屢更，而不没其舊也。今之以禹王名臺，又一不知其何所昉也。曰有崇德報功之思焉，有追遠反本之意焉，不可易也。何居乎崇德報功也？禹之功德溥矣，其最莫如河洛。梁，河洛之都會也，昔曾没於河，而臺固巋然獨存，臺存而禹功并存也。曷爲乎追遠反本？慮民之習矣而不察也。然則臺名，自此定乎？曰何必然也。仁者見之謂之仁，智者見之謂之智，意各有所尔也。臺之上，天章焕□；臺之中，神靈赫若；臺之下，士女紛若。踵事增華，而游觀日盛也。臺之高勢穹窿，□臺之曠氣爽塏，□□之清，遠山隱見，而水滔流下，憑虛攬勝，而景物之寓目無窮也。不有創者，其何以興；不有承者，其何以□。美歸人人而不必自己也。重門洞開，雙扉莫闔，瞻宸翰而□□，拜夏后而□親豫順。随時而樂，以同民爲大也。特未知今人之樂，何如古人，尚想風流，慨然有吾誰與歸之嘆者，乃在夫三賢之列也。三賢爲誰？唐李白、杜甫、高適，昔游此地，而祠于臺左者也。

康熙乙亥春仲，胡介祉題并書。

192. 重修衛源廟碑記

立石年代：清康熙三十四年（1695 年）
原石尺寸：高 180 厘米，寬 71 厘米
石存地點：新鄉市輝縣市百泉衛源廟

重修衛源廟碑記

府屬輝邑之北蘇門山麓，百泉在焉，翼然臨流者曰：衛源廟創于隋，以祀衛源之神，歷代相延，未之或改。迄明洪武，以每歲四月八日，敕郡守主祭，載在祀典，國朝因之，蓋以職司水利，有裨于國計民生，報厥功也。予于庚午春恭膺簡命，出守茲郡，循例致祭。殿亭摧朽，廊廡傾頹，幾幾乎風雨不蔽。考之猶自明巡按御史霍公冀檄有司修于嘉靖三十三年，閱今百載餘矣。徘徊瞻顧，未嘗不以治民事神爲己責，而嘆力之未遑也。時前縣滑令雖有復葺之議，究不果，邑乘碑記亦其文焉。已爾迨甲戌拮据，勉捐薄俸百金以爲倡，而授其事于邑令喻君，且不拒紳衿士民之有同志者，聚毛成裘，遂庀材鳩工而興斯役焉。棟梁、榱桷、堦陛、門墙腐敗者易之，殘缺者完之，左右前後，翬飛斯革，靡不巍焕一新，抑且金碧輝煌，聲靈赫濯。猗歟盛哉！落成之日在乙亥深秋，而余適因科試提調，至止躬率僚屬，潔牲幣而祭告之。是日也，天朗氣清，波光掩映，迴思昔日荒涼满目，已大相逕庭，神其以妥以侑乎，庶幾錫祉無疆乎。灌溉以時，無憂旱潦，多黍多稌，百室盈寧，是予前此之所深望而不可必者。今幸一旦成之，心乎神者，心乎民也。若徒以美好恣游觀，則失之矣。爰爲約略述其經營始末，以貞諸石，庶使後之志存民社者，知所觀感云。

知衛輝府事加一級胡蔚先撰文，輝縣知縣喻良臣立石，輝縣典史何鎮督工，庠生王光曦書丹，山人寥魁隆鑴。

捐工：衛輝府通判曹熙，新鄉縣知縣李登瀛，鄉官孟發祥、孫淠、王郲，舉人王元臣，貢生馬玉麟，監生冀業盛、魏柏舟、李炘、郭熙、秦儼、尚治、吉裔烈、吉元吉、高嵋，商人段瑞麟，住持人明芝。

時大清康熙叁拾肆年歲次乙亥陽月穀旦。

193. 創造慈船立碑爲記

立石年代：清康熙三十六年（1697 年）

原石尺寸：高 162 厘米，寬 62 厘米

石存地點：安陽市林州市任村鎮古城村大廟

〔碑額〕：廣衆同登

創造慈船立碑爲記

盖聞亘古至今，林、涉二邑漳溪二水大阻滯也，瀑漲波濤，涌陡驚嚇，忽高而□□□。無渡無舟，此乃天隔一方也。我朝皇清仁政，感得佛門弟子出衆處，發菩提之心，戒僧行椅於葦□水寺矣，法諱普同也，屢睹河濱之苦，遠涉行旅，常有厄難之傷，號涕悲泣太甚，悽慘哀痛之急，观乎何□，切思善念，遠行而不□綏也。奈獨力难成，可見人有善意，天必護之。有感慈悲，維那劉國宝、余冲斐二人之□□□□資財，預備置買□植等物，喜造善舡一隻，以通往返之便也。斯然工果浩大，募化四方善信之資，□□□□河神聖像一切完妥，止有舟人水道□□□□應不缺乏擴外，不得□勒索取分文也。以上善士之家，俱載碑陰。善哉，善哉！立石刊銘，永垂□□。

涉邑儒學生員竇永振篆，儒生竇永弘書。

文林郎知林縣事正堂熊施銀五兩，文林郎知涉縣事正堂左施銀五兩，林邑仕宦常州縣左堂李施銀壹□。

……

造船木匠：傅本□、李展。石匠：任可成、任可中、申計得、任從真。

皇清康熙三十六年閏三月初四日吉□。

清（一）

194. 重修湯帝寶殿碑記

立石年代：清康熙三十六年（1697 年）
原石尺寸：高 158 厘米，寬 62 厘米
石存地點：焦作市博愛縣孝敬鎮東王賀村湯帝廟

〔碑額〕：重修碑記

懷之東二十里有村，名曰東王賀。北半里許有廟在焉，即感湯聖帝神也。廟食茲土，不知創自何代，并無碑記考稽，止有明季正德年間重修石碣，亦未顯始末根由。據前輩相傳，此廟建自轅王時，所以梁大頭向北故也。廟不建於村而建於通衢者，使居民與往來之人皆有所瞻仰矣。惟帝有聖德，諸侯不義者，從而征之，伐□，韋顧，昆吾。夏桀虐政，放之於鳴條，祈禱桑林，時雨以零沱，方解綱一面驅禽，仁乎行政，桑成樂林，是其生也，其崩也？像設本境，諸難懇請，靈應如響。明末時，流寇焚掠，闖逆禍亂，人心震驚，無可潛逃。祈神護衛，往來絡繹，從未入於村庄。月南鎮避難，多□稱謂小太平鄉也。屢以旱魃虐焰，田禾如焚，禱於聖，雲興雨霈，枯苗復蘇。飛蝗為祟，蔽日遮雲，愬以神，隨入隨飛，禾苗不傷。神□之□佑而人□□能為哉！其可謂捍患禦災，有功於民者久矣。世以季春望日，本境男婦，四方士女，大會於祠下，□戴祀報答。□□□□殿宇傾圮，聖像脫落，有信士王明善急欲修葺，因工程浩繁，獨力難行，隨糾眾募化，庀工力役，□□□丙子中……施財善人姓名勒石流芳，永誌不朽。

鎸字人嚴慶。

湯帝寶殿募化人：王明善已故，子自卓；頂應馬洊水，已故，孫之倫；頂應李學楚、強世英、王納□、劉民樂、王納訓、馬之聰、馬之麟、梅汝奏熏沐勒石。

皇清康熙三十六年歲次丁丑夏六月丁未七日立石。

195. 龍王廟創建碑記

立石年代：清康熙三十八年（1699 年）

原石尺寸：高 78 厘米，寬 41 厘米

石存地點：新鄉市輝縣市沙窯鄉井郊村觀音堂

龍王庙創建碑記

大清國河南衛輝府輝縣西北侯趙川十余里北□焦者，四圍龍山之□谷，蓋龍王寶殿一所，内塑满堂聖像，金妝亦然猶新。本村會首張門王氏男張富、付韜侄付文□同發虔誠，募化十方，善男信女，喜捨資財，速□修理，共成聖事。龍神降祥，普施甘雨，四野沾足，苗稼浮生，感神靈應顯，威靈默祐，靈護一方。時沛化雨，永除雹旱之害；節降甘霖，免致吠鷄之灾。祈□風調雨順，國土清吉，人口均安。刻石花名，以垂不朽。

撰書張蘊。

庄主：李生榮、侯有金。會首：付韜、張富。副會首：岳文强、張文元、張文安、張文義、張九常、張文樂、趙國定、刘光、李九玉、袁長、□玉、薛吉、李寡。

瓦匠王來洪，塑匠□□奉，石匠申□默。

康熙三十八年二月十九日立。

清（一）

483

196. 重修廟宇記

立石年代：清康熙四十年（1701 年）

原石尺寸：高 128 厘米，寬 54 厘米

石存地點：安陽市林州市姚村鎮柳灘村龍王廟

〔碑額〕：碑記

……有社首郭民賢、王見支、何順海，□衰起敝之力，烏容他訟哉。于是糾合村衆，□成聖事。各出資財，敬修殿宇。但見不約而庶民協助，不勞而厥功告成。舉向之傾圮不堪者，一旦焕然維新矣。伏望甘霖普降，霖雨蒼生，年年睹風調雨順，歲歲見國泰民安。故謹將施財姓名開刊於後。

曲修來薰沐拜撰。

八月二十二日揆南一里刘成金。……作爲布施。

社首：郭民賢、王見支、何順海。管工：張我選、何玉海、石懷福、張世才。

木瓦匠：郭加楨。畫匠：馬天輝。油匠：蘇欲卓。石匠：王見興。鐵匠：趙□。□□□同建。

康熙四十年歲次辛巳孟冬吉旦。

清
（
一
）

197. 重修龍王廟碑記

立石年代：清康熙四十一年（1702年）
原石尺寸：高158厘米，寬60厘米
石存地點：安陽市林州市臨淇鎮梨林村龍王廟

〔碑額〕：碑記

重修龍王廟碑記

聞之一陽未動，潛龍伏淵，乾德方亨，飛龍在天。且也小則如蠶蠋，大則函天地，縱飛躍之性，能變化風雨，以升騰雲漢，效大造之靈，更澤被萬物，以利賴民生，龍之爲靈昭昭也。隆慮之南車輻二里梨林村迤東，舊有五龍廟，其肇造之年已無可考，即重修之代不知幾更。迨明末流寇猖狂，歲比不登，居民凋殘，而廟貌成墟。至國朝，基址雖存，一荒烟蔓草而已。閱□十年，有本村善人張公諱義字喻川者，竊慨然於栖神無所，禱祝無祠，曰：其所爲祈甘雨而穀士女者安生乎？遂與眾鳩工庀材，共襄厥事。始於己卯，迄於辛巳，凡歷三載，辛勞不辭，資財不吝，力底有成。嗣是棟宇維新，廟貌輝煌，誇鳥革而美翬飛者，孰不曰張公之功哉！張公不受，歸之眾人，曰：微眾人之力不至此。至於爲善獲福，理固宜然。而張公與諸善人，亦應聽之，適然之數，初非有所□而爲也。因立石以誌，曰：一善於眾善之倡，眾善者，一善之助。云爾。

淇陽後學生閆文然撰，林邑黑墨掌□天眷書。

社首：張義，妻火氏，男士明、妻李氏、孫世明，男士瑞、妻□氏、孫世茂。

副首：司中富，男小洪瑾，士亮；王珍，侄小王存，士科。

地主：申貴、申□、申陳來、申陳玉、申莊、申恭、申言、申語、申正、申瑞、申法興、申國金、申國福、申國楨、申國英、申國彥、申國璧、申國璠、申國翰、申國紀、申國賢、申國屏、申鳳有、申國運、卜□□、王缺□、申贊、申國法。

化主：刘氏、杜氏、郝氏、李氏、常氏、洪氏、李氏。

木匠宋相賢，石匠黃□□，泥匠田加友，鐵匠郭加林，窯匠許貴興，塑匠趙蘭如、刘均。

本村：王省、馬九龍、張參林、司中旺、司中興、郝守理、郝守恒、王建、宋來朝、司宜、司重英、程起春、牛邦花、馬朝京、□萬祥、牛邦銀、黃如虎、王寅、郝天貴、司隆、王進宝、李加和、李敬、常立好、楊毓翠、牛□斗、李長情、王守玉、尚國英、馬朝梁、李暢、何云、李名。

大清康熙四十一年歲次壬午仲春吉旦立。

198. 清化鎮大王廟豎立旗杆碑記

立石年代：清康熙四十一年（1702年）
原石尺寸：高145厘米，寬55厘米
石存地點：焦作市博愛縣鴻昌街道辦事處大王廟

〔碑額〕：碑記

清化鎮大王廟豎立旗干［杆］碑記

軍門鼓角必建高牙大纛，所以立威表號也。矧廟貌巍峨以之崇禋祀、達虔誠，顧可無旌旆之懸用壯觀瞻乎？茲於月南鎮□金龍大王廟旗干之設而嘆，諸商人之盛舉爲不可没也。蓋諸商人足迹半天下風雨之所、櫛沐舳艫之所，蟬聯多蒙神庥庇廕，此即《戴記》所謂有功烈則祀之遺意。而翠旌桂旗，亦猶《楚辭》之髣髴云爾。第鳩工選材，得之非一日之易成也，非一人之功。惟諸商人或近燕都，或居淮海，青、兗、臨淄、渠丘、太原等處，亦實繁有徒焉。於是僉謀襄事，各解杖頭，俄而雙旌孑孑拂日干霄，與舊所建立者，後先掩映。其所謂立神威，表神號，雖未敢以事人者瀆神，然而靈爽之所，招徠福佑之所憑依，未必不存乎此。是役也，創首者北直隸廣平府永年縣信商王君諱之臣，而舟車遠載丹艧挺立者，則王君諱三鼐等也。余適館穀月南，睹茲盛舉，懼其久而磨滅，無以爲後之秉虔對越者勸也，於是乎書。

懷慶府儒學廩膳生員鄒衍泗薰沐撰文并書。

北直隸廣平府永年縣信商王之臣、白天錫、喬濟衆，山東清州府沂水縣信商李國寧，淮南淮安府海州信商孫之漢，山西澤州信商馬華駞，本鎮信商劉見明、王三鼐、白天明、呂標、李國順、李開疆、趙宗極、呂二典、孫雲翔、趙榮先，莒州信商張輔、趙王錫、郭植、王自修，順天府信商董應遜、趙明、趙公純、崔錫玉、杜曉亭、程範、王天貴，真定府靈壽縣信商劉漢瀾、閆守志、王永禄、張起林、王成名。

公同立石。

大清康熙四十一年歲次壬午九月吉旦。

清（一）

199. 重修方山社佛爺頂龍王殿碑記

立石年代：清康熙四十二年（1703 年）
原石尺寸：高 104 厘米，寬 53 厘米
石存地點：焦作市博愛縣寨豁鄉方山村南龜靈寺

〔碑額〕：重修龍王殿
重修方山社佛爺頂龍王殿碑記
佛爺大殿檐頭、龍王殿神像内外焕然一新，并三門俱重新。衆姓施財效力開列于後：

頂上前歲有遺錢粮，今有文字勒石，立字人楊時忠、楊時慶二人因父遠年流下佛祖老爺□□利銀九兩一錢四分，收過銀七錢五，止欠銀捌兩三錢九分，不計年限。今因修蓋龍王大殿，時忠、時慶二人無処凑辦，今將祖業庙□边前後地情願入與本社佛祖頂上永遠爲業，同中言過，價銀捌兩三錢九分整。立字之後，永無翻悔，其地粮并雜差，時忠、時慶二人辦納，於庙無干。

康熙四十年九月十五日，立字人：楊時忠、楊時慶。同中人：秦養初、張本善。住持：鄧仁亮。同本社會首：楊起鸞、張計奉、史尚顯、石文生、史文彬等。

清化鎮八地方施財：栢山村會首馬生芳等施麦二石八斗。車家作會首侯五京等施麦四斗五升。司家寨丘懍等麦五斗。善人李可欽施銀五錢。封家庄封世太麦二斗二升。東張赶麦四斗。上庄村秦愛善米一斗。秦愛友銀一錢。

李可敬銀二錢。王攀桂麦二斗一升。李廷芝錢一百三十文。高嵐麦三斗。李国集麦二斗。崔太錢一百三十文。李朝輔錢一百三十文。高□琳大麦一斗。田關大麦一斗。林□亮大麦一斗。馬良弼錢一百文。顧來福錢一百三十文。張京太錢一百文。段玥粉五斤。李有蒼錢一百文。馬念祖施銀二錢。刘順財米五升。李進都羊毛五斤。本社人工施財衆姓于後：楊起鸞米一斗五升、椽五根，張計奉米一斗五升、椽五根，石文生米一斗五升、椽五根，史尚显米一斗五升、椽五根，史文彬米五升、椽五根，閆計林椽五根、人工十三工、米五升，閆世興椽五根、人工十一工、米五升，閆世旺椽五根、人工十三工、米五升，閆世好椽五根、人工十一工、米五升，何振虎人工十工、豆二升，何金龍椽五根、人工十工、米五升，何文亮椽五根、人工十二工、米五升，楊起俊人工八工，楊世明椽五根、人工十工，董榮米三升，王建法椽五根、人工十三工、米五升，王忠明米一斗五升、人工十三日，史尚臣椽五根、人工八工、米五升，蘇自玉椽五根、人工六工，張計水椽五根、人工十二日、米五升，孔文生椽五根、人工一日、米四升，張計林椽五根、人工九工，王忠旺椽五根、人工八工、米五升，石文章椽五根、人工十六工、米五升，楊時忠米一斗、人工五工，王喜春椽五根、人工十二工，孔自明椽五根、人工十工、米五升，張啓清椽四根、人工九工，王忠富椽五根、人工十一工、米三升，石自君椽五根、人工五工，杜养体椽五根、人工十二工、米五升，史文君椽五根、人工七工，史文植椽五根、人工十二工、米五升，蘇崇法椽五根，申田用椽五根、人工三工、米五升，王国保椽五根、人工四工、米三升，王國順椽三根、人工五工、米三升，閆世魁椽四根、人工五工，董榮椽四根、人工三工，閆世明椽四根、人工一日，史廷下人工二十工，許根虎椽三根、人工二日，刘邦好椽三根、人工四日，王忠興椽四根、人工八工、米三升，何文富人工三工，王起云施樹一株，何文成人工五工。

助緣道人張本善書。
書匠尹光燦、石匠楊国楨同立。
大清康熙四十二年歲次癸未七月初一日立。

興國寺重修冰陸殿佛順橋碑

200. 興國寺重修水陸殿佛順橋碑

立石年代：清康熙四十四年（1705 年）
原石尺寸：高 240 厘米，寬 100 厘米
石存地點：安陽市林州市姚村鎮東姚村興國寺

興國寺重修水陸殿佛順橋碑

大清康熙四十四年歲次乙酉六月廿日。

文林郎知林縣事熊遠寄，磁營右司分防林縣劉鈵，林縣典史胡大銓，彰德府道紀司高清議，文林郎知林縣事趙昌國，林縣典史吳邦廉，文林郎知林縣事廖鳳徵，儒學教諭張景良、楊人龍，訓導孫傑、魏襄，署儒學教諭舉人張大椿，湯陰縣副榜貢生司文澤，庠生鍾秀、田芳。

辛酉科舉人候補內閣中書社首原勳、男候選縣丞震元，候選訓導貢生社首趙麗斗、男秉洛，儒學生員社首薛芬、男三奇，鄉耆趙惺、男生員允斌，癸酉科舉人候補內閣中書牛孟圖，候選知縣舉人黃駿，候選訓導貢生萬兆龍、趙麗中、李旸，副榜貢生王襄，吏員趙情，候選州同知趙麗東、男生員允哲、允肅、允徵，候選州同知郝瑞霞，候選州判侯佩珍，候選經歷徐錫，上思州吏目郝齡，刑部司獄張玠，武舉趙怡、男生員有蘇，候選縣丞沛元，候選縣丞郝瑞霈，貢監趙麗北、男允睿，郝鍈、趙麗星、李珩、趙有文、徐澤。

儒學生員：李漢、程遠、賈偗、李成林、郝瑞霬、李彭年、郝瑞霖、李達鯤、李大年、馬廣、蘇璞、王塤、侯珮珂、王鳳儀、郭鵬雲、馬珩、王塤、郝嵋英、王廣厚、常廷佐、孫發祖、郝維屏、孔之裔、連璧、趙懌、蘇凱旋、韓又愈、王增璽、張雨蒼、李元解、李光顯、閆璸、郗福、郭綿、董珍、薛君賢。化首李騰遠、司庫薛莟、王同心、張玉興、王崇德、張文興、劉漢卿。督工劉加魁、王謨、李文魁、秦瑚、郭從林。

淇泉馮天眷書。

201. 新建大王廟序

立石年代：清康熙五十一年（1712年）

原石尺寸：高86厘米，寬54厘米

石存地點：洛陽市欒川縣文管所

〔碑額〕：大王廟碑記　　日　月

新建大王廟序

　　□□欒川之地，相傳山名水秀。何爲山名，君山是也；何爲水秀，伊水是也。老□山神廟崎，然香□□俸，迄今亦不絕矣。嗟□！□依水爲食，伊、赤二河獨無神□。忽有名□□□之利也，意建修大王老爺廟宇，□□□會，答報神恩。惟曰地土以爲之所蒙，本邑刘姓君子施地一區，以□建□之所，坐落鎮北。□兵山東赤□西□廟宇□□□，咸是感應，□□本邑外省，俱戴□德。……選擇良辰，答報神麻數次，然而今所志者，非爲社中人爲名記，亦非□建□人爲功□也，實□□之無常人不一鄉，日□廟宇損壞，乞后善士君子，重修相□□朽耳。是以爲誌。

　　西□吕允升謹書。

（功德主略）

　　時康□五□□年歲次壬辰夏日吉旦。

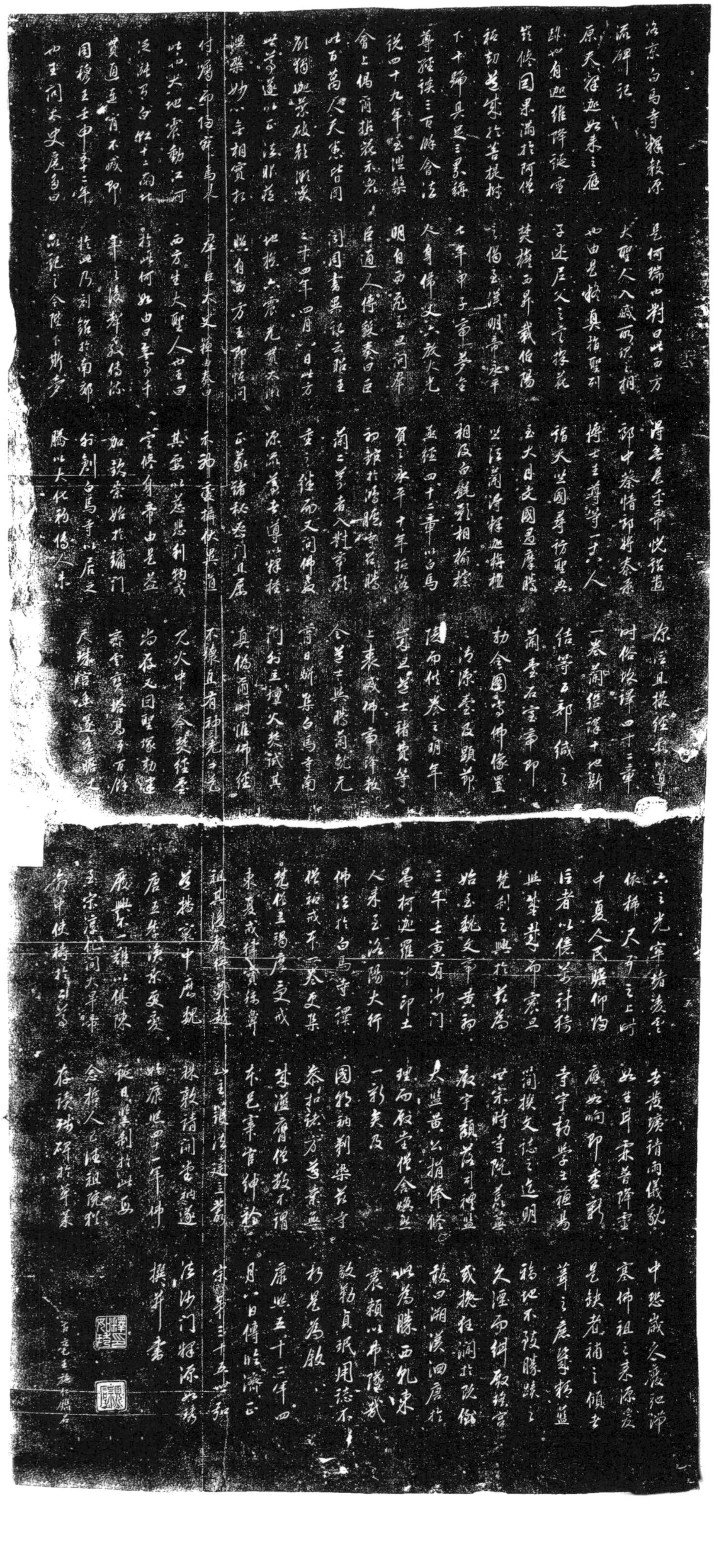

202. 洛京白馬寺釋教源流碑記

立石年代：清康熙五十二年（1713 年）
原石尺寸：高 218 厘米，寬 95 厘米
石存地點：洛陽市洛龍區白馬寺

洛京白馬寺釋教源流碑記

原夫釋迦如來之應迹也，自迦維降誕靈茲，修因果滿於阿僧祇劫，道成於菩提樹下，十號具足，三界稱尊，經談三百餘會，法說四十九年。至涅槃會上，偶爾拈花示衆，時百萬人天悉皆罔顧，獨迦葉破顏微嘆，世尊遂以正法眼藏，涅槃妙心，無相寶相，付囑而歸寂焉。是時也，大地震動，江河泛漲，有白虹十二，南北貫通，連宵不滅，即周穆王壬申五十二年也。王問太史扈多曰："是何瑞也？"對曰："此西方大聖人入滅所現之相也。"由是，疑真指聖，列子述尼父之言，探花焚梅西昇，載伯陽之偈。至漢明帝永平七年甲子，帝夢金人，身偉丈六，放大光明，自西飛至。旦問群臣，通人傅毅奏曰："臣閱《周書异記》云：昭王二十四年四月八日，此方地搖六震，光貫太微，照自西方。"王即怪問群臣，太史蘇由奏曰："西方生大聖人也。"王曰："於此何如？"由曰："無事，千年之後，聲教傳流於此，乃刻銘於南郊以記之。今陛下斯夢得無是乎？"帝悅，詔遣郎中蔡愔、郎將秦景、博士王尊等一十八人，詣天竺國尋訪聖典。至大月支國，遇摩騰、竺法蘭，得釋迦栴檀相及白氈影相、榆檔垔經四十二章，以白馬負之，永平十年抵洛。初館於鴻臚寺，召騰、蘭二尊者入對，帝頗重之。繼而又問佛教源流，尊者導以釋種正義諸秘密門，且屢示神變，攝伏異道。其要以慈悲利物，戒定修身。帝由是益加欽崇，始於鏞門外創白馬寺以居之。騰以大化初傳，人未深信，且撮經要，以導時俗，故譯《四十二章》一卷，蘭繼譯《十地斷結》等五部，緘之蘭臺石室。帝即勅令圖寫佛像，置之清凉臺及顯節陵而供養之。明年歲旦，道士褚、費等上表滅佛，帝降敕，令道士與騰、蘭就元宵日，駢集白馬寺南門外，立壇火焚，試其真偽。爾時，惟佛經不壞，且有神光五色見火中，至今焚經臺尚存。又因聖塚敕建齊雲寶塔，高五百餘尺。珠宮幽邃，遙瞻丈六之光；窣堵凌雲，依稀尺五之上。時中夏人民瞻仰歸信者，以億萬計。猗與盛哉！而震旦梵刹之興，於兹爲始。至魏文帝黃初三年壬寅，有沙門曇柯迦羅，中印士人來至洛陽，大行佛法，於白馬寺譯《僧祇戒本》一卷，更集梵僧立羯摩受戒，東夏戒律，實稱鼻祖。其後，教行吳越，道播寰中，歷魏唐五季，滄桑更變，廢興不一，難以俱陳。至宋淳化間大旱，帝命中使禱於二尊者，發壙請雨，儀貌如生，甘霖普降，靈應如響。即重新寺宇，敕學士蘇易簡撰文誌之。迄明世宗時，寺院荒蕪，廟宇頹落，司禮監太監黃公捐俸修理，而殿堂僧舍煥然一新矣。及國朝，衲剃染兹寺，參扣諸方，道業無成，濫膺僧數，不謂本邑宰官紳衿山主護法，建立叢林，敦請開堂。衲遂於康熙四十一年佛誕日，竪刹於此。每念哲人已往，祖院猶存，讀殘碑於草萊中，恐歲久廢弛，滯塞佛祖之來源，爰是缺者補之，傾者葺之，庶幾精藍福地，不致勝迹之久湮，而紺殿瑤宮，或挽狂瀾於既倒，敢曰溯漢泂唐，於此爲勝，西吼東震，賴以弗墜哉！敬勒貞珉，用誌不朽，是爲敘。

康熙五十二年四月八日，傳臨濟正宗第三十五世弘法沙門釋源如琇撰并書。

古亳王施仁鐫石。

203. 清康熙五十二年御製祭文

立石年代：清康熙五十二年（1713 年）
原石尺寸：高 229 厘米，寬 74 厘米
石存地點：濟源市濟瀆廟

維康熙伍拾貳年歲次癸巳閏伍月朔丁未，皇帝遣兵部左侍郎李先復致祭於濟瀆之神曰：惟神隱見分流，潔清秉德，安瀾千里，沛澤群生。朕纘受鴻圖，撫臨區宇，殫思上理，夙夜勤求，惟日孜孜，不遑暇逸。茲御極伍拾餘年，適當陆旬初屆，所幸四方寧謐，百姓乂和，稼穡歲登，風雨時若。維庶徵之協應，爰群祀之虔修，特遣專官，式循舊典，冀益贊雍熙之運，尚永貽仁壽之休。

俯鑒精忱，用垂歆格。

欽差兵部左侍郎加三級李先復，禮部儀制司七品筆帖式加一級伯琦，兵部車駕司七品筆帖式萬朱户，陪祭官河南布政使司分守開歸河三府管理通省驛鹽糧儲道僉事加四級張孟球，河南懷慶府知府加三級張釗，濟源縣知縣加一級紀錄十八次俞沛，儒學教諭王書年，訓導劉官冕，巡檢陳文機，典史葉一相。

執事生員：翟檉、孫逢貴、李鈞、翟昌繡、張□克、李貞元、殷維翰、李國珍、殷志學、趙汝澤、李榮昌、翟化錫、宗登袞、李生瑞。

清（一）

499

癸巳春登萬壽塔次月誠軒
先生壁韻三

廪延古塔倚城隈　共道青天有
野路遊勝引層梯爭捷之清濯四
放明眸憑室摘月應無礙盡
日凌風渾不知客楷黄河烟水
際忘機呼酒玩浮漚

丙中秋再登萬壽塔漫興
步入浮圖倦眼開一層窻舍一
徘徊迥常空雲漢依稀近逼野風
煙漂緲來郵漱堤封餘故跡沐
河形勝控兼垓蒼生最有登臨
興望到荒原滿目哀

時有水患

邑令毘明任洵

204. 任洵題登萬壽塔詩碑

立石年代：清康熙五十六年（1717 年）

原石尺寸：高 50 厘米，寬 47 厘米

石存地點：新鄉市延津縣大覺寺

癸巳春，登萬壽塔次周樂軒先生壁韻。

廩延古塔倚城陬，共道青天有路游。勝引層梯争捷足，清羅四野放明眸。憑空摘月應無礙，盡日凌風渾不由。客指黃河烟水際，忘機呼酒玩浮漚。

丙申秋，再登萬壽塔漫興。

步入浮圖倦眼開，一層窗舍一徘徊。當空雲漢依稀近，遍野風烟縹緲來。鄭衛提封餘故迹，汴河形勢控兼垓，□生最有登臨興，望到荒原滿目哀。時有水患。

邑令昆明任洵。

康熙丁酉冬立。

205. 游禹王臺記

立石年代：清康熙五十七年（1718年）
原石尺寸：高44厘米，寬130厘米
石存地點：開封市古吹臺

游禹王臺記

歲戊戌夏五月，余奉天子命來旬茲土，閱志乘，凡境內山川名勝，心竊慕之，而以治事，不暇登覽。任甫半載，復蒙聖恩，簡撫粵西，時疏請廷見，塵鞅稍清，偕二三友人，率子侄輩出東郭門，望禹王臺而稅駕焉。夫禹王臺者，即古師曠吹臺遺址，後人思禹功德，春秋報祀，建廟於此。臺高數仞，兀峙平野，蓋大梁一古迹也。余拾級而登，仰見崇樓巍煥，榮光燦然者，今我皇上御書之所供奉也。入而殿宇深沉，金容嚴肅者，禹王神像也。瞻拜而下，巡視兩廡，見神牌林立，姓氏昭然者，皆漢唐宋元以來，佐治水有功諸名臣也。左有三賢祠，祠有碑，即載唐高適、李白、杜甫酒酣高歌韻事也。出而循行廊外，俛仰眺望，村烟斷續，繡壤交錯，一目千里者，洵中原沃土也。余徘徊久之，不禁愴然，有感人生天地間，貴自樹立，以有功德及民，使生榮死哀，以垂不朽。禹固聖人也，其治水之功，開天地之奇，立生民之命，至今廬居而粒食者，皆禹之德也。不然洪水為菑，泛濫無統，所謂微禹吾其魚者邪。千百世後，食德報功，崇而祀之，固其宜也。然桑田滄海，變遷不一，不有禹以開其前，誰為之成天而平地；不有諸名臣以繼其後，誰為之禦漫而防河。以視世之徒慕富貴，竊禄養驕，漠不以民生為念，而與草木同腐者，不大相逕庭哉！余登斯臺也，非僅恣游觀之樂，蓋與古昔聖賢致君澤民之念，有深契焉。竊恐有志而未逮也，時同游者孝廉呂子開、藩茂才、來子自、西潘子允升、余侄廷槐、子廷樞也。因各賦詩以咏其事，爰為之記。

三韓宜思恭撰。

206. 重修金妝碑記

立石年代：清康熙五十七年（1718 年）
原石尺寸：高 120 厘米，寬 51 厘米
石存地點：新鄉市衛輝市獅豹頭鄉東溝村

〔碑額〕：万古流芳

重修金妝碑記

嘗思神人一理也，自古神安則人安，夫人之福澤，則惟神是依矣。求諸神之中，最易能行雲施雨，四時調順，五谷豐登者，惟我白龍王尊神也。白龍王尊神有益于世也，顧不大哉！汲邑北五十里名曰沙灘，有白龍王廟一座，茲因年深日久，廟貌神像俱已傾頹，梁氏鳳鳴同弟梁香目視不忍，共發虔心，欲補葺廟宇，金妝神像。惟力難成，募化四方，吾人或施錢，或施糧，不月餘，而廟貌巍然可觀，而神像焕然一新矣。於以見神明之感召也捷，士民之報應也速，故刊石竪碑，以誌不朽云。

張植撰文，張大生書。

莊主：蘇長塤、王廷賢施銀五錢，徐起林五錢，張廣五錢。生員張志仁、生員李從先施銀五錢。

副首：郭秀、郝邦夏、馬蛟、李尚忠、張文斗、高文善、刘大旺、栗天貴、李延明、徐自忠、李星。蔡永芳、李銀禄、朱守才、常宫、宋朝榮、宋朝貴、常文高、張賢、段全忠、段全孝、薛萬起、張門栗氏、牛諭、張弘心、郭瑞、張明、張瑞、范自杰、范自和、申万金、李進福、趙三省、蔡永隆、刘勤、随金貴、蘇光斗、李瑞、蘇廷獻、蘇廷輔、耿大立、王大福、蘇法堯、蘇廷瑞、刘奠國、張奈、楊河、李茂、張林、張有宝、李子明、栗應星、杜進朝、施文秀、趙進州、魯從義、李旺、李明花、石見、張文秀、李杰、付有才、宋寧、李長基、張貴、安永清、安弘義、李遠基、張世爵、郭起豹、刘玉國、李錫珍、李生英、蘇正崗、刘進朝、郗國宝、李秀、牛孟相、余可臣、馬明典、李明、李旺、郭亮、梁昇、王俊、李騰興、杜成有、何文興、王南、□時□、孔應時、王□秋、刘得民、常魁光、李弘基、李封、蔣起□、崔自珍、王京、王曰性、李超、□興、王刑臣……□有泉、李長相、張珩、楊勳、楊俊、何得金、李美、張海、李福、李弘儒、栗夏、楊尚仁、柳盛有、程起鳳、□自都、秦有才、余春、□俊德、郭春、余得□、張有可、刘創國、趙承□、張□、張有志、常永福、郭連□、崔□、刘得水、余臣、郭天宝、李德相、申□石、楊人龍、郭福、郭華、許威、翟賢春、余順□、范如章、余守銀、崔有才、余清得、□守仁、李□才、馮守禄、申書、張弘謨、元成得、趙守義、元成之、秦永習、張巍、栗培光、刘□□、栗□□、郭□元、李印、栗春、申用立、李守功。宋朝富、周明、李端法、生員張忠仁、常亮、崔廷選、李廷見、韓□士、任万□、常安□。

石工郭福。

康熙五十七年歲次戊戌又八月二十九日寂忠吉時建立。

207. 感恩碑記

立石年代：清康熙六十年（1721 年）
原石尺寸：高 104 厘米，寬 40 厘米
石存地點：焦作市博愛縣孝敬鎮唐村千載寺

〔碑額〕：□記

本府正堂梁諱需杞號近源太老爺、河務分府趙諱溥號敏庵太老爺愛民均利，萬民感恩。

薛家屯與鄔莊、唐村接壤而居，共相守望，兼多姻婭。因有泉河一道，屢爲爭水，累年構訟，未有定斷。今於康熙陸拾年復相互訐，蒙本府正堂梁太老爺愛民息訟，均利免爭。准河務分府趙太老爺移牒批，薛家屯與鄔、唐二村□水訐訟，始爭終讓，固屬可嘉，嗣後薛家屯用北來之水，毋犯東西，鄔、唐二村用西來之水，毋侵南北，既各情願，准昭永傳可也。但不立新石，恐日後復起釁端，令將彼此各用各水案由，押催鎸碑，以垂久遠。覆復蒙趙太老爺面諭，嗣後薛家屯用北來之水，架木槽以渡灌南田，毋犯東西，鄔、唐二村用西來之水，以澆溉東畝，毋侵南北。既經定斷，宜各遵行。在上流永不得別開引河，以啓釁端。三村情願世世遵守，永爲式好。群相感戴，爰立石以誌不朽云。

康熙六十年六月三村士民公立。

河邑貢生田生桂立石

　　土一畝因前僧人如林者竟混賣與

自賣之後所餘之地有水利之名何論

之利矣殺年來荒旱頻仍賠糧賠差又

人賠糧也予見而憐之無地則無僧則

無毒因捐已財水廢熙五十九年備價奉

出仍入寺院庶于弱門亦不至為強梁所欺又

得艺利斯者亦見是記如林之何為是又

利⋯⋯⋯⋯變夏之吉

208. 白馬寺地畝碑

立石年代：清康熙六十一年（1722年）
原石尺寸：高80厘米，寬48厘米
石存地點：焦作市博愛縣磨頭鎮東張趕村西博愛農場

……河邑貢生田生桂立石

……有水利地五十畝，因前僧人如林者，竟活賣與……利地十一畝。自賣之後，所餘之地，有水利之名……水之利矣。數年來荒旱頻仍，賠粮賠差，又何論……之養膳無資也。予見而憐之，無地則無僧，無僧則……無寺，因捐己財，於康熙五十九年備價奉官，將……賣水贖出，仍入寺院。庶乎弱門不至爲强梁而欺……利可待□之，住斯寺者，亦甚勿效如林之所爲。是又……所屬□也夫。爰是□□而爲之記。

……六十一年歲次壬寅年夏之吉。

209. 創建龍池神泉碑記

立石年代：清康熙六十一年（1722年）
原石尺寸：高122厘米，寬60厘米
石存地點：洛陽市新安縣磁澗鎮陳古洞村

〔碑額〕：大清　　日　月
創建龍池神泉碑記

盖聞天一生水，地六成之，水之爲物，其爲天地靈氣所溢昭也。邑南有村名龍池，在山溪之間，山之頂旧建有九龍聖母殿三楹，其山之蒼秀，庙之規模，稱極盛矣。但有庙無水，□少潤澤之致。故村衆善女因思地中有水，山下出泉，況古傳有飲龍川，兹地名龍池，或即飲龍川之意與？又何至掘井九仞，而不及泉乎？爰約中相其地宜鑿池，砌以磚石，不日告成，而水果從地涌出，此正所謂山不在高，有仙則名，水不在深，有龍則靈也。可比淵渟方廣，可用井養不窮。《易》曰：井則寒泉。會其謂斯歟？值有本村信士光君諱于朝索予求序，予何能文？因舊館兹土，素聞聖母有求必應，今平地修鑿，竟成永泉，一以見聖母之神克相，予一以見善女之誠可格，斷一時盛事，賴傳不朽，謹具俚言，是記時。

邑後學劉拱辰侶仙甫敬撰併書。

功德主：（漫漶不清，略而不錄）。

時康熙六十一年歲次壬□十一月穀旦。

朕撫臨寰宇夙夜孜孜以經國安人為念惟茲黄河發源窵遠經行中國行回數千里於淮沁徑渭伊洛沂泗合流以

入於海古稱河潤九里其順軌安瀾涵濡滲漉諸物蒙其利茲有武陟而下土地平曠易以汜溢其來已久頻歲南北隄

岸衝決波浸昕及田疇失業而橫實運河為漕艘往來之患其瀾於園計民生甚艱屢下諭旨丞發帑金備築堤防期

於瀠洸災底定之績夫名川大澤必有神焉主之詩云懷柔百神及河喬嶽朕思龍為天德變化莫測雲行雨施

於品物咸亨又能安水之性使行地中無驚濤駭浪之虞省就下潤物之道培命河臣於武陟建造淮諸河

龍王廟祇申秩祭以祈庶粘禮蔡法曰聖王之制祭祀也能禦大災則祀之乃者水循故道不失其

性自春徂秋經時應汛靡有溢離墊溺之憂穫豐穰之樂所謂崇災捍患有功列於氏者至明且著斯廟

之建誠有合於古法矣河臣請為文以紀刻諸豐碑朕用推本龍德而明激禮經以示於永久歲時戒所司奉牲酒

醴愊茶祀事以邀福於

神其總自今風雨有時漲潦不興貽中土之阜成資兆民之利濟以庶幾于永賴之動是朕敬神勤民之夲懷也夫

雍正 九月初二日敬書

210. 雍正帝敕修黄淮諸河龍王廟記

立石年代：清雍正二年（1724 年）
原石尺寸：高 182 厘米，寬 56 厘米
石存地點：焦作市武陟縣嘉應觀

朕撫臨寰寓，夙夜孜孜，以經國安人爲念。惟茲黄河發源高遠，經行中國，紆回數千里，於淮、沁、涇、渭、伊、洛、沂、泗合流以入於海。古稱"河潤九里，其順軌安瀾，滋液滲漉，物蒙其利"。然自武陟而下，土地平曠，易以泛濫，其來已久。頻歲南北堤岸衝決，波浸所及，田疇失業。而橫突運河，爲漕艘往來之患，其關於國計民生甚巨。屢下諭旨，亟發帑金，修築堤防，期於灑沈澹災，成底定之績。夫名川大瀆，必有神焉主之。《诗》云：懷柔百神，及河高嶽。朕思龍爲天德，變化莫測，雲行雨施，品物咸亨。又能安水之性，使行地中，無驚濤沸浪之虞，有就下潤物之益。特命河臣於武陟建造淮黄諸河龍王廟，祇申秩祭，以祈庥祐。《禮記·祭法》曰：聖王之制祭祀也，能禦大災則祀之，能捍大患則祀之。乃者水循故道，不失其性。自春徂秋，經時歷汛，靡有衍溢，中州兆庶，離墊溺之憂，獲豐穰之樂，所謂禦災捍患有功烈於民者，至明且著。斯廟之建，誠有合於古法矣。河臣請爲文以紀，刻諸豐碑，朕用推本龍德，而明徵禮經，以示於永久。歲時戒所司，奉牲、牷、酒、醴，恪恭祀事，以邀福於神。其繼自今，風雨有節，漲潦不興，貽中土之阜成，資兆民之利濟，以庶幾于永賴之勛，是朕敬神勤民之本懷也夫。

雍正二年九月初二日敬書（雍正御笔之寶印）。

〔注〕：此即嘉應觀御碑，該碑爲鐵胎銅面，有"中华第一铜碑"之譽。御碑亭爲傘形圓頂，形似大清皇冠，富麗莊嚴，正如碑亭楹聯所書："河漲河落維繫皇冠頂戴，民心安泰關乎大清江山。"清康熙六十年到雍正元年(1721—1723 年)，黄河在武陟秦家廠、馬家營、詹家店、魏家莊四處決堤，洪水淹没新鄉、彰德、衛輝，經衛河入海河，危及京畿津門。四阿哥胤禎在康熙病中直接指揮了堵口築壩工程。雍正即位後，武陟決口堵復，御壩修築成功。爲使河神保佑黄河永久安瀾，并宣揚其治河功績，雍正命人在武陟修建了黄淮諸河龍王廟，并欽賜御匾，定名爲"嘉應觀"。御碑由雍正皇帝撰文親書，并蓋有"雍正御筆之寶"的御璽，概要叙述了黄河的河道、灾害、治理，表達祈神保佑之願望。

211. 新建龍王殿碑記

立石年代：清雍正三年（1725年）

原石尺寸：高 156 厘米，寬 64 厘米

石存地點：安陽市林州市東崗鎮下燕科村興照寺

〔碑額〕：萬善同歸

新建龍王殿碑記

盖聞天之生萬物也，必須其愛養。然生物者在天，而其間風雨潤澤，雷聲震動，其代天愛養，俾萬物生長，五谷豐登者，大約惟賴乎龍神之力焉。是以四方各設龍王行祠，爲祈風禱雨之所，以禦旱澇之灾患，其所以佑我人民也多矣。今林邑北方去城四十餘里燕科村，有聖像數尊，而無殿宇依栖，但在寺内供養。時住持僧普航目睹心傷，意欲修建，慮獨力難成，因思人孰無向善之心，維時敦請衆善同議，本村雷興陽、李興才、趙立禄、趙銀慨然諾曰：斯誠善事。乃復會村衆，相度于堂殿之西，地勢高聳，正宜建立。于是齊心合意，或施其財，或用其力，但見梁木磚瓦，不數日而備矣，殿宇并西禪室，亦不數日而成矣。斯時神喜有栖止，人樂有美观，舉從前之未有，而且創建焉，固作善之大端也。然此雖人力所爲，亦有神助云。功既告成，宜立石刻名，以垂萬世不朽云耳。

武家水王奇璧撰書。

買办：王喜旺四錢，雷增宝二錢。攢首：李上德四錢，趙加旺四錢，雷發陽三錢，趙立美三錢。管工：王加昇七錢，雷晉陽六錢。催工：王辛貴口錢，趙立勳六錢，王進舉二錢，雷啓名六錢，付才喜四錢。化首：雷門付氏、雷門王氏、趙門付氏、付門馬氏、趙門胡氏、牛門胡氏。皂廚：元九京二錢，張有金三錢，牛成才一錢，李自法一錢，雷旺陽六錢，雷朝陽四錢，王加爵四錢，趙加金四錢，王喜興四錢，王国興四錢，付元習四錢，王辛才三錢，張法才三錢，王加国三錢，趙富三錢，段啓升三錢，雷增洗三錢，雷俊陽三錢，段啓奉三錢，雷增行三錢，雷榮陽三錢，趙立貴四錢，雷向陽三錢，雷行陽三錢，雷成陽三錢，雷增庫三錢，王加旺二錢，李興電二錢，王立全二錢，王加電二錢，王加元二錢，李自保二錢，李才春二錢，李自好二錢，雷電陽二錢，雷增富二錢，雷增電二錢，雷增祥二錢，雷來陽二錢，雷增榮二錢，趙加顯二錢，雷福陽二錢，馬增全二錢，趙加庫二錢，趙加銀二錢，付才興二錢，趙人全二錢，趙加瑞二錢，趙準二錢，趙立達二錢，雷有陽一錢，雷增禄一錢，雷增福一錢，雷門趙氏一錢，趙廣一錢，趙貴一錢，雷增貴一錢，雷美陽一錢，趙加德一錢，趙興一錢，趙忠一錢，王立德一錢，李自成一錢，王法旺一錢，王国電一錢，趙加宝一錢，趙立祥一錢，趙加習一錢，趙立謨一錢，趙加全一錢，李自榮一錢，李自學一錢，王辛全一錢，牛德全一錢，王興貴一錢，王興省一錢，趙加成一錢，段起法一錢，雷言陽一錢，趙孝一錢，段啓運一錢，馬增玉一錢，雷定陽一錢，雷昇陽一錢，趙門馬氏一百文，李門雷氏一錢，牛門王氏一錢，王興福一錢，趙加才一錢，付才旺一錢，王加柱一錢，趙加發一錢。

管飯：雷晉陽、趙立美、雷旺陽、王喜旺、趙立勳、王進舉、雷啓名、雷增保、趙加旺、李上德。

社首：李興才六錢，雷興陽六錢，趙立禄六錢，趙銀六錢。

趙立勳施磚八十，李興才施磚一百。木匠：馬增玉、馬增金。石匠：段啓奉、段啓升。香口刖匠：雷增礼、李才春、李自富。住持僧人普航。

大清雍正三年仲夏五月之吉。

212. 甘霖大沛

立石年代：清雍正四年（1726 年）
原石尺寸：高 36 厘米，寬 57 厘米
石存地點：安陽市林州市姚村鎮水河村蒼龍廟

献甘霖大沛
任村集社首：陳富、郭天瑞。
合社水官：陳君選、陳開業、張裕真、王云美、高加才、陳奪榮。
雍正四年八月二十四竪。

邑贤侯赵公去思□

213. 邑賢侯趙公去思碑

立石年代：清雍正四年（1726 年）
原石尺寸：高 156 厘米，寬 74 厘米
石存地點：新鄉市輝縣市百泉風景區

邑賢侯趙公去思碑

公諱希濂，字敦復，號晉逸，山西猗氏縣人，乙未科進士，才優學富，體用兼全。於雍正二年九月履任，首以孝弟節義爲治，雖匹夫匹婦有一善可稱，必修式廬之禮旌其門，民翕然化之。其養民也，躬履田間相土，室課勤惰，教以耕芸之法，復詳示以耕芸之具，俾力省功倍，必期家給人足而後止。其教士也，聚民間子弟之俊秀者，延師教育，至多士則直以師道自任，爲之講究書義，洞見本源。又精選前輩傳文，捐俸刊布，使家絃户誦，不致汨没於惡濫時藝。他如絶包苴、公聽訟、嚴胥吏、禁賭博、禁酗酒、禁演戲，人命絶不株連，行户從無賠累，善政種種，未易更僕數。而其最大者，尤在荒田與五閘。輝之境，山崗沮洳居十之七，昔有明盛時，磽坂寸壞皆起科，沙鹹污潦悉重賦，年久水衝沙壓，大半不毛矣。故原額不足，不在山則在水。公親查密訪，廉得其情，其實無荒田可開，亦非民間欺隱。數痛切爲上憲陳之。至五閘田賦皆上上，百泉涓滴之水，民命生死攸關。蒙各憲上急國計，下體民瘼，實賴公措利弊，反復陳情，籌畫焦思，心幾碎矣。茌任甫二載，無利不興，無害不除。小民方慶更生，公乃急流勇退，請以司鐸去。闔邑惶惶，如嬰兒之失慈母，呼籲挽留不可得，乃奉生與霍敖段三公同祀之。

雍正四年歲次丙午九月吉旦。

214. 霍公敖公遺愛碑

立石年代：清雍正四年（1726 年）
原石尺寸：高 174 厘米，寬 67 厘米
石存地點：新鄉市輝縣市百泉風景區

明兵部尚書前巡按河南御史霍公、巡撫都御史前分守河北道敖公遺愛碑

霍公諱冀，號思齋，山西孝義縣人，嘉靖甲辰科進士。敖公諱宗慶，號梅坡，□□人，嘉靖□□科進士。

謹按：兩公之德，不專在輝縣，輝獨俎豆之者，感恩最深也。先是敖公分守河北，知輝民稻田久廢，不惟包賠重賦，抑且連遭水患，爲創建第二閘、第三閘、第四閘。適霍公按部至輝，敖公復痛陳民間疾苦、建閘情形。霍公嘉之，相與謀萬全，仍令民廣開溝渠，多立閘堰，水利大興。霍公又增修衛源神廟。民感兩公之德，建祠祀之，雖歲久頹圮，至今言水利者，必稱霍敖不忘。查萬曆年間，有賢令段公祠，純以磚石砌成，可垂永久，因奉兩公與段公同祀，庶可與泉源并永矣。

時雍正四年歲次丙午九月吉旦。

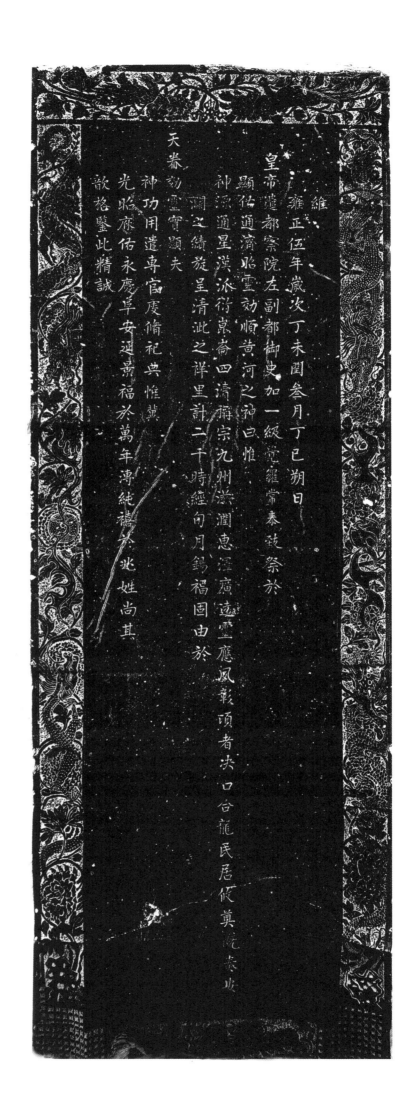

維

雍正伍年歲次丁未閏叁月丁巳朔日

皇帝遣都察院左副都御史加一級覺羅常奉致祭於

顯佑通濟昭靈効順黃河之神曰惟

神源通星漢派衍崑崙宗九州浸潤惠澤廣遠靈應風彰頃者決口合龍民居依奠院奏止

瀾之績旋呈清沚之祥里計二千時纔句月錫福固由於

天眷劼實顯夫

神功用遹專官庤備祀典惟蕆

光昭庥佑永慶草安迺景福祚於萬年溥純禧於兆姓尚其

歆格鑒此精誠

215. 祭金龍大王碑

立石年代：清雍正五年（1727 年）
原石尺寸：高 175 厘米，寬 70 厘米
石存地點：焦作市武陟縣嘉應觀

維雍正五年歲次丁未，閏叁月丁巳朔日，皇帝遣都察院左副都御史加一級覺羅常泰，致祭於顯佑通濟昭靈效順黃河之神，曰：惟神源通星漢，派衍崑崙，四瀆稱宗，九州滋潤，惠澤廣遠，靈運夙彰。頃者決口合龍，民居攸奠，既奏安瀾之績，旋呈清泚之祥，里計二千，時經旬月。錫福固由於天眷，效靈實顯夫神功。用遣專官，虔修祀典，惟冀光昭庥佑，永慶阜安。延景福於萬年，溥純禧於兆姓。尚其歆格，鑒此精誠。

〔注〕：該碑又稱"黃河水清碑"。據史料記載，雍正四年農曆十二月十三日至雍正五年正月初八日，黃河中下游的水澄清了兩千一百多里。雍正帝接到奏報，感召大德，特頒布"聖世河清普天同慶諭"，并命左副都御史加一級覺羅常泰親臨嘉應觀祭祀河神，答謝神靈佑護，藉以彰顯自己治理黃河的功德。

清（一）

公諱曾鈞字松友江南無錫縣人康熙丙戌科進士雍正貳年以立部左侍郎曾晉河南河道

表靖發

婦埝築南北大堤沿河千里金湯永固兩岸左民溥安祉席寶 公保障之力次年衛河淺澀運道阻滯

脉 公捐俸鑒之畚鍤一施泉源湯出滾滾溜溜與百泉無異如有神相 公且疏奏聞

公親竹踏勘溯流窮源至輝縣百泉登蘇門山俳徊四顧俯指百泉逸迤山麓之陽尚有泉

毖公泉

聖天子特賜靈源瑞圖額廟宇輝煌山川生色父老踊躍懽呼實爲盛事池既成因周圍甃石計長二十六丈寬二丈澄泓清徹尤爲壮美利濟兩發不惟有禆運道而且興城穀百頃稻田均資灌溉公

私交利萬民頂祝因立碑泉側俾叙甃池始末以誌不朽云

雍正伍年陸月穀旦

輝邑紳衿士民公立

216. 嵇公泉碑

立石年代：清雍正五年（1727年）
原石尺寸：高440厘米，寬91厘米
石存地點：新鄉市輝縣市百泉風景區

嵇公泉

公諱曾筠，字松友，江南無錫縣人，康熙丙戌科進士。雍正貳年以兵部侍郎總督河南河道，奏請發帑，增築南北大堤，沿河千里，金湯永固，兩岸居民得安袵席，實公保障之力。次年，衛河淺澀，運道阻滯。公親行踏勘，溯流窮源，至輝縣百泉，登蘇門山，徘徊四顧，俯指百泉迤卤山麓之陽，尚有泉脉。公捐俸鑿之，畚插一施，泉源涌出，滾滾滔滔，與百泉無异，如有神相。公具疏奏聞，聖天子特賜"靈源昭瑞"匾額。廟宇輝煌，山川生色，父老踴躍歡呼，實爲盛事。池既成，因周圍甃石，計長二十六丈，寬三丈，澄泓清徹，尤爲甘美。利濟所及，不惟有裨運道，而且共城數百頃稻田均資灌溉，公私交利，萬民頂祝。因立碑泉側，備叙鑿池始末，以誌不朽云。

輝邑紳衿士民公立。

雍正伍年陸月穀旦。

祗公泉記

丙子科舉人原任禹州儒學學正今請終邑人採用正撰文

江南徽州府休寧縣知縣邑人郭培遠篆額

……

雍正五年歲次丁未八月朔旦

……闔邑紳士里民公立石

217. 嵇公泉記

立石年代：清雍正五年（1727 年）
原石尺寸：高 440 厘米，寬 91 厘米
石存地點：新鄉市輝縣市百泉風景區

嵇公泉記

斯泉也，今少宰嵇公之所經營荒度，手自疏鑿而成者也。泉成而遂指公之姓以名焉，則民之不能忘也。先是河決武陟之馬營塞，未竟工，再決中牟之十里店。天子南顧，而咨慎選臣僚，求可以當斯任者，知公有濟川才，乃指授方略，俾公秉成算以往，越七月工告竣。公又條上善後數事，悉報可。會中州河事未艾，天子乃特簡公以少司馬綜理河務，公益感知遇，矢勤矢慎，早作夜思，上下奔馳，無有寧晷。疏引河，築格堤，補殘缺，越二年而河防漸次就理。天子軫念民艱，復遣官周行山東、河南、江南諸省，浚泉源以濟漕運，開水利以溉民田。輝故有白沙、蓮花、梅竹諸泉，皆飭令畚鍤從事，而百泉其尤著者也。泉之西有地焉，硌确而弗治。公徘徊往來，注視良久，曰：是其中宜有泉。或曰泉之上土必潤，茲燥恐弗得。公曰：試闕之。闕之，果得泉，闕地畝許，小者若指，大者若盎，爲泉不可勝算。或仰而涌，或側而注，汩汩焉，矗矗焉，流衍洋溢，泉水頓增，河水盈而糧艘無滯。持鍤之夫、督役之吏、從行之官，咸歡踴驚拜，曰：非公之神，曷克臻此？公曰：聖天子懷柔百神及河喬嶽，故地不愛寶，川瀆效靈，予何能之有？于是輝之士民絡繹聚觀，咸曰：斯泉廣不逾畝，深不逾丈，而湧發暢流，曲折奔赴，深者益增其深，廣者益增其廣，田之苗若有助之長者，官之船若有推之行者，非茲泉之力不至此，此豈區區補偏救弊、私恩小惠所可同日語哉！夫山之有是泉，不知其幾千百年矣，泉之閟而未發也，亦不知其幾千百年矣。巨石崚嶒，砂礫委積之下，公何以知其必有泉？何以知其泉之必觱沸而噴薄？此非人力，殆有默相之者。君德立於上，則地道應於下。大臣忠君愛國之誠，無時不存，則五行徵祥獻瑞之符，隨處而見。醴泉之出，甘露之降，信非偶然也。夫事之輕重，大小緩急，亦何常常有，有益於國，有利於民，雖小亦大，雖輕亦重。顧緩者緩之，急者急之，亦視任事者之識力何如耳。在易卦山上有澤爲咸，山下有澤爲損，咸之道主乎感，而損之用存乎益，苟有損上益下之心，則必有感而遂通之，故茲泉之爲嵇公出也。若鼓於枹，有動必聲，不逾時刻，不爽尺寸。在輝言輝，要特感應之一瑞焉耳。公之治河奠民，居以裕民，食千里、慶安瀾焉，其有造於豫者多矣，是戔戔者烏足以盡公。抑又聞之，聖者作而明者述，前有創而後有承，兩相濟亦兩相成也。聖天子作之，明公述之，謀始之善，蔑以加矣。使創之於前，而不有人焉繼之於後，則山水之暴發，砂石之壅閉，能保其久而不敝乎？續其緒無廢其功，俾出者不窮，而用者不匱，後之君子端有責焉爾。鍾公之行，無失公之意，雖萬世永賴可也。眾曰善。故援筆而記之，以告來者。

丙子科舉人原任禹州儒學學正今請終養邑人孫用正撰文，江南徽州府休寧縣監生邵鼎書丹，壬午科舉人候選知縣邑人郭培遠篆額。

闔邑紳士里民公立石。

時雍正五年歲次丁未八月朔旦。

218. 創修石橋記

立石年代：清雍正五年（1727 年）

原石尺寸：高 166 厘米，寬 58 厘米

石存地點：洛陽市宜陽縣蓮莊鎮孫留村孫氏祠堂

〔碑額〕：皇清

創修石橋記

蓋聞橋梁居八福田之一局，存心於濟人利物，未嘗不以是爲善舉也。宜城之西有村曰孫留，村西舊有土橋，其來久矣。每當上水下流，奔騰迅疾，浸没湮溺，圮損不堪，人之往來於上者，莫不驚膽而寒心矣。適有本村善人張君諱鵬程，乃惻然動念曰：東西大道，行旅經過，車馬往來，而恐其陷險，顧可無修舉之功乎？況葉家莊東龍鳳溝，舊有一橋腐損，人俱其陷者，餘已創石梁，而此橋獨任其頹廢，無乃急召彼而緩於此乎？蓋亦爲石梁，以便其涉。僉曰：此義舉也，衆願從之。於是於□□之仲夏，方爲鳩工，彙石輸粟，轉餉富□，移其財□者，傾其力，靡不效從協力，贊以共濟其盛，迄今□□春月，而橋以告成。見其怪石盤其根，堅木拔其脇，虹駕象其形，龍卧狀其勢，屹然鞏固，牢不可毁，往來之人，□□□□□□□險者夷矣，陷者平矣。我功既登，行人奚病乎？异哉！斯舉也，可以□風土之厚焉，可以見民俗之義焉。揆□□□□□□□□其勞，募化共輔，其力不及此，且人有乘輿之濟，徒市私恩，未若斯舉，其□體也。正驅石東海之役，事竟□□□若斯舉其爲力也易。伐木結構之事，不可經遠，未若斯舉其爲制也久。於戲！創橋之基，以爲首倡者，張君也，仗義□□□□共襄厥事者，合鄉諸君也。彰張君之義行，表□之協力，勒之貞珉，并垂不朽，故樂爲之記，以告諸攀躋者。

偃邑儒學生員史蹟晋拜撰，宜庠生員張淑繹沐手敬書。

化主：永崧生員張淑繹，吏員周成文，生員徐干城、李士典，化主葛亮偉，化主胡加智。本村化主：孫文禮、閏弘仁、管錢□、□國田。量石頭：葛國祚、侯康健、葛文運。

督工：侯邦基、侯邦士、葛國本、葛亮辰。

善人張□□，子諫施銀□□□。

功德主：張鵬程、弟鵬里，子信、侄諫，孫門關。

張玉祥、張君□等同鐫石。

雍正五年歲次丁未十一月十五日立石。

盖闻

黄大王尊神藏在中州莫负胜纪览

诸将军威显咸灵必呼以威作恶皎汉

吞波娓美十堂功澧之皓之皓太有碑

佐天地者也今省同圆善人不惮其旁

庆心募化善男信女客捐贵财重粧

神像以彰神功甲以劝善甲以戒恶

同琇奇域而丹青功六宋浅

勒石刻名成志不朽云　竣工完

邑庠生武德叢体书

邑庠生武五敢顿首撰　會首

雍正六年柒月　日穀旦

219. 金妝黃大王神像碑記

立石年代：清雍正六年（1728 年）

原石尺寸：高 174 厘米，寬 71 厘米

石存地點：洛陽市偃師區岳灘鎮王莊村

盖闻黃大王尊神，護庇中州，莫可勝紀。暨諸將軍或顯威靈以呼叱，或作慈航以普渡，媲美一堂，功德亦陰，是皆大有禆於天地者也。今有固圍善人，不憚其劳，虔心募化，善男信女，各捐資財，金妝神像，以彰神功，可以勸善，可以戒惡，同臻壽域，而丹青功亦不淺。竣工完，勒石刻名，以誌不朽云。

邑庠生王啓穎頓首撰，邑庠生武立德薰沐書。

□□善人：楊梅、楊中學。

會首：李門全氏、王門唐氏、侯門喬氏、□門楊氏、田門顧氏、智門張氏、王門詹氏（以下名单漫漶不清，略而不録）。

金塑匠人：楊文燦。懷慶府孟縣石匠：刘世昌。

時雍正六年柒月□日穀旦。

〔注〕：黃大王紀念館，位于偃師岳灘鎮黃大王故里——王莊村。王莊村原名大酉鎮，位于洛河與伊河之間的河灘之上，水運極爲便利，黃大王自幼就生長在這裏。因此地爲黃大王的家鄉，故後來改名王家莊，簡稱王莊。黃大王紀念館原爲黃氏家廟，黃大王去世後，後人供奉其神位于此，各級官吏祭祀黃大王均在此處，因此這裏成爲黃大王信仰的中心廟宇。現紀念館爲 20 世紀 90 年代重修，由山門、東廂房、大殿組成。重修工作由黃氏後裔發起，不僅得到了信衆的支援，也得到偃師區各級政府單位的支持。黃大王寶殿位于高大的臺基之上，正中供奉黃大王，左右依次爲八大將軍配祀。這八大將軍分別是：秦將軍、曹將軍、柳將軍、陳將軍、黨將軍、楊四爺、黃將軍、陳將軍。東廂房爲二層樓房結構，下層爲守廟人住所，上層爲奶奶殿。殿內供奉四位女神，分別是無極老母、泰極老母、皇極老母、送子奶奶。北側供奉黨將軍之母呂夫人。該館每逢農曆初一、十五有信衆前來燒香。相傳農曆十二月十四日是黃大王生日，故而此處每年農曆十二月十二日至十四日有廟會活動，各地善男信女來此進香，并有秧歌、排鼓等民間文藝表演。

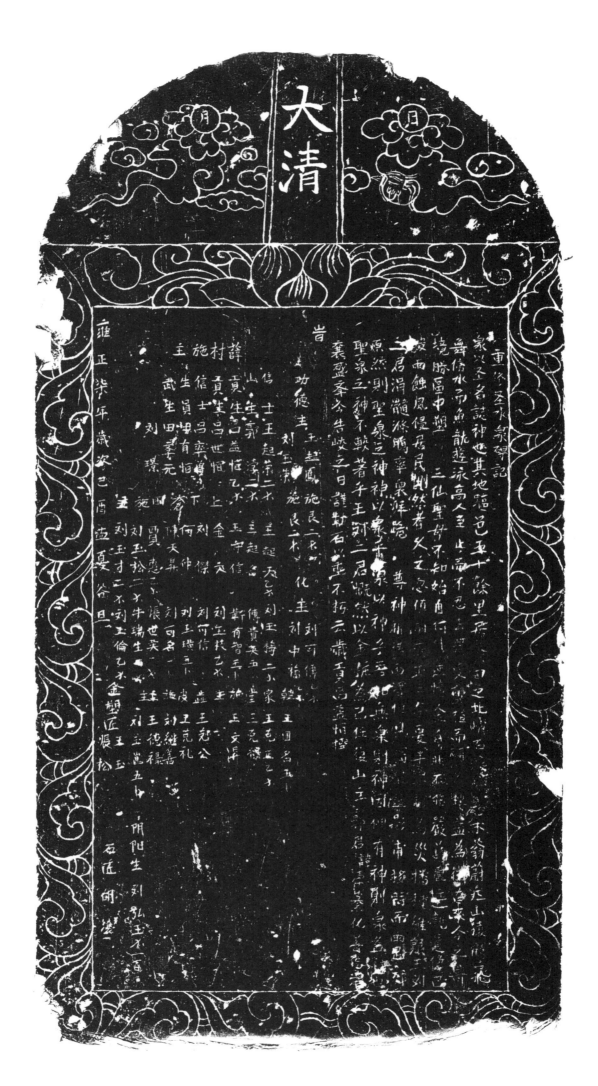

220. 重修聖水泉碑記

立石年代：清雍正七年（1729年）
原石尺寸：高100厘米，寬51.5厘米
石存地點：洛陽市新安縣曹村鄉聖水泉

〔碑額〕：大清　　　日　月
重修圣水泉碑記

泉以聖名，誌神也。其地距邑五十餘里，居蒼田之北，峭石□□，□木蓊蔚，近山猿鶴飛舞，傍水而魚龍游泳。高人至止而不思去，□吏盤桓而願爲栖。蓋爲徵古來今之奇境。勝區中塑三仙聖母，不知始自何代。□憶金自非不莊嚴蔚麗，遠睹遺像，已被雨蝕風侵，居民惻然者久之。忽值前雍正三年夏，半□□爲災，播種維艱，王、刘二君涓髓滌腹，率衆拜跪尊神，祈禱雨澤，但見獨龍□影，甫移時而雨足郊原。然則聖泉之神，神以泉乎，泉以神乎。吾知無泉則神固神，有神則泉益□也，聖泉之神，不較著乎？王、刘二君慨然以金妝爲己任，復山主郭君諱浮募化善信，共襄盛舉，今告竣之日，謹勒石以垂不朽云。

歲貢吕益恒撰。

功德主：王起鳳施銀二錢，刘玉榮施銀二錢。化主：刘可傳一錢，刘中福一錢。薛村施主：信士王起榮二錢，山主郭浮二錢，貢生吕益恒一錢，貢生吕世恒、信士吕率曾、生員田有恒、武生田學元、刘璟。上下倉田施主：王起天一錢，王起名、王守信、金文、刘傑、何仲、陳天昇、賈惠一錢，刘玉松二錢，刘玉才二錢，刘玉梅二錢，傅貴英五分，靳有智五分，刘玉枝一錢，刘可信一錢，刘玉璜五分，刘可名一錢，張世英一錢，牛瑞生一錢，刘玉倫一錢。韓家堂施主：王國名五分，王克正一錢，王克禄、王文昇。眣皮施主：王克公、王克礼、刘繼善、王德録、刘玉崑五分。

金塑匠：王玉、張松。陰陽生：刘弘玉錢一百。石匠：胡滾一。

雍正柒年歲次己酉孟夏谷旦。

221. 創建永固橋碑記

立石年代：清雍正七年（1729 年）
原石尺寸：高 225 厘米，寬 36 厘米
石存地點：新鄉市輝縣市冀屯鎮東北流村

創建永固橋碑記

謂輝邑之西南，有村名曰北流，迤東即二水交加，合而在此西流。泉涌於□村之後，名曰丁公泉，由葦园而經流登仙橋之下也。東水出石門口，漲落不常，亦由於此二水合河，其勢逾闊也。且路通秦晋，東接燕魯，行人至此，跋涉爲艱，車行肩挑，更爲難也。查前人馬君架木爲之修三遷橋，量無常存之理。今喬位村韓君起瑞忽起善念，義氣慷慨，情願捐銀二百八十兩，獨力難以修舉，邀請衆人協力募化，親友各施銀錢，采買木石灰，以及夫匠費用。開工於雍正七年春初，西橋已成，今歲三□告竣。行人至此稱善，車馬不費跋涉，因名曰永固橋。而橋雖修完，獻戲二臺，酬謝神明。所有施財姓名理宜開列于後，永垂不朽耶。

會首韓起瑞施銀二百八十兩。副首鄭梅銀十六兩，副首王永恒銀六兩，副首崔国柱銀二兩，副首王興海銀四兩，副首宋仁全銀二兩。峪河鎮：渠百數銀一兩，周菜銀一兩，周振宗銀二兩，周正宗銀三兩，何廣琳銀二兩，張法銀二兩，楊繼武銀二兩，牛天魯銀一兩，趙景德銀一兩，高棟銀一兩，周培基銀五錢，王一庫銀六錢，周□德銀五錢，程進寶銀八錢，王□章銀五錢，周朝聲銀五錢，周要銀六錢，何振河銀五錢，李有智銀五錢，何有元銀三錢，齊慶銀四錢，周貴智銀三錢，胡標銀三錢五分，蘇越銀二錢，齊邦明銀三錢，齊繼印銀二錢，齊敬銀二錢，張□、□化朋銀十兩，高□昌銀二兩，高明昌銀一兩三錢，高□昌銀一兩五錢，高義昌銀一兩三錢，張□瑞銀一兩五錢。姚家屯：姚可久銀二兩，姚九成銀二兩，姚金章銀二兩，高君甫銀三兩五錢，吳起鳳銀二兩，栗顯榮蔭五兩。□家倉：王德□銀六兩五錢，孫用神銀一兩五錢，任高銀一兩，任保要銀一兩，任保政銀一兩，高文魁銀五錢，高文標銀五錢。王□屯：秦景昇銀四兩，秦景興銀一兩五錢，秦景清銀一兩，秦景弘銀一兩五錢，秦景行銀一兩，秦秉直銀三兩，秦光文銀一兩。南北程村：王楷銀二兩，王倫銀二兩，王勸銀五錢，王显銀一兩，王勳銀一兩，王應昌銀一兩。南莊：宋用德銀一兩五錢，宋用寶銀一兩，宋用俊銀五錢，梁松銀一錢，靳帥銀□□。喬位：韓起榮蔭一兩三錢，韓起才銀一兩三錢，韓一元銀一兩，韓廷宰銀二兩，韓守西銀一兩五錢，韓子文銀二錢，王子亮銀八錢，張明祥銀三錢，王廷福銀一兩五錢，□克□銀三錢。胡村店：張魯士銀一兩。吳村集：李昭銀一兩，曹新民銀一兩，魏根山銀一兩，姚祥銀三錢，李一樂銀五錢，李迩芳銀五錢，崔進孝銀一錢，李谷銀一錢，肖禄銀八錢，王炳銀六錢，肖禎銀六錢……潘村：王臣銀一兩，李推祖銀一錢，章子賢銀二錢，魏起才銀二錢，□金成銀一兩，馬□平銀五錢，馬知固銀三錢，馬洪礼銀五錢，王□慶銀四錢。□□：王健公銀一兩，韓子厚銀五錢。范家屯：范成印銀二兩，范□□銀五錢。西北沅：尚昌敬銀八分，尚昌行銀三錢，尚□智銀二錢，王在悦銀三錢，尚春萌銀三錢。

222. 重修五龍廟記

立石年代：清雍正八年（1730 年）
原石尺寸：高 157 厘米，寬 65 厘米
石存地點：洛陽市汝陽縣柏樹鄉五龍村五龍廟

〔碑額〕：伊陽五龍廟　　日　月

重修五龍廟記

伊陽之西出郊十數里許，□崖環翠，萬壑争流，正所謂龍脉蛇蜒，而爲邑之勝地焉。昔從先大人游，指余命之曰：此五龍廟也，而村亦以是名。迄於今，猶復記憶，然在當時初不知其爲何説也。及訪於二三野老，咸謂此中感震電伏，日月薄光，景水下土，想亦五龍之盤結於斯，而爲靈之昭昭與。因恍然曰：是誠龍之茫洋窮乎元間，村之人占陰較晴，祈穀報賽，良由是耳。奈風雨爲患，鳥鼠不去，廢瓦頹垣，象教塵封。攬其上者，能無梁空燕雀、古壁丹青之思乎？土人因其湫隘，移而闢之，今已規模弘廠矣。至於神所憑依，復何在乎！而顧聽其寶日草昧，璇宫蕩然，亦非所以肅廟貌而凛觀瞻也。凡我同心，務必終襄此舉。是役也，正當千耜舉址之時，適與旱魃相值，人以虔禱，神以靈應，澤蘇群生，捷若影響。余不佞，一以彰神龍之示威降祥，一以誌鄉人之修廢舉墜，余言雖謬，所弗恤矣。是爲記。

邑人廩膳生員杜珫昌撰文，邑人太學生劉需揖書丹，邑人醫官王鳳儀篆額。

陳起祥二錢，史書魁二錢，生員王在岐一錢，杜濟美五錢，生員杜□昌四錢，王永祥、常懷珍、荆有倉、趙士魁、張士學、李士英，上各二錢。功德主：□書興、王自仁。化主：毛貴、何國相。魏士美一錢，吕應舉一錢，布雲一錢，王計曰一錢，劉珍一錢，王三亮一錢，仝如艮一錢，王自亮一錢二分，吕應科一錢，趙篤成一錢，張發才一錢，李運登一錢，仝登科一錢，陳文舉一錢，王朋一錢，亢從義一錢，王天才一錢，黨可法一錢，張明德一錢，王崇德一錢，王佑一錢，亢從知一錢，孫爾公一錢，孫既顯一錢，史文花一錢，趙士龍一錢，楊在洧一錢，劉廷玉一錢，常永吉一錢，趙文英一錢，李弘春一錢，張超物一錢，史紀善一錢，張祚肅一錢，史進美一錢，李廉興一錢，王明一錢，范瑾五分，趙文秀五分，史紀朝五分，趙士奇五分，任良臣五分，李九通五分，李九成五分，李可才五分，鄭今全五分，趙士林五分，高爾福五分，李如棟五分，李如杞五分，李如相五分，趙士奉五分，李文五分，孟折桂五分，姚潤乾五分，姚信五分，史文明五分，姚仁五分，楊在爲五分，吴女英五分，朱相年五分，史文貴五分，姚美五分，李如梅五分，張起龍五分，楊既發五分，柴如桂五分，崔乾五分，木輝三分，李福五分，穆學孔五分，王福五分，張少五分，張大義五分，李用志五分，李仲五分，王賓五分，胡心周五分，楊既生五分，王志保五分，李弘孝五分，姚平西五分，李自俊五分，李青五分，楊坤三分，梁門賈氏五分，吕門張氏五分，吕門李氏五分，史門劉氏五分，劉門楊氏五分，李門史氏五分，朱門劉氏五分，吕門李氏五分，張門范氏五分，張門仝氏五分，史門王氏五分，王門劉氏五分，李門曹氏五分，李門周氏五分，張門卜氏五分，王門仝氏五分，李門劉氏五分，魏門高氏五分，姚門李氏五分，高門李氏五分，史門吴氏五分，楊門張氏五分，薛門常氏五分，□門鄭氏五分，趙門任氏五分，史門李氏五分，史門吴氏五分，姚門張氏五分，史門姚氏五分，趙門郭氏五分，張門張氏一錢。

木匠：李司功。素匠：南聚平。鐵筆：高陵。

大清雍正八年四月中澣之吉。

223. 重造善船碑記

立石年代：清雍正九年（1731 年）

原石尺寸：高 120 厘米，寬 64 厘米

石存地點：安陽市林州市任村鎮古城村大廟

〔碑額〕：萬古流芳

重造善船碑記

嘗聞徒扛興梁，亦起會之小焉者也。古有漳水一河，道通林涉二邑，每□夫河水湯湯，嗟嘆於難渡河。有古城善人余君諱冲斐等，屢觀徒涉□□善會，議造善船一隻，往來無病涉之患也。幸有四方善士樂然相助，於□□行人之便。數之修堂建□，其功不更大乎？適遇漳水大發，萍水而流，修□□壞屢造，始終匪□，所謂義比□舟，衆君非其人與斯善□名洋溢乎？訪□給區，獎勵一鄉善士，然而□不止此也。惟有建廟設堂、施茶補路，皆□士匪特不負於□□□憲，亦不愧於鄉黨□。不幸天奪甚速，所遺四子昌□百金，獨造善船一隻，以渡行施□人，□□之善有云，善小而不爲。余□□□□之有□曰：船耳船耳，豈知名垂後世，其功其德，不知更常，何如此是效哉！余以予爲文，識見寡聞，略叙實理，□援筆書之，以誌不朽云。

安陽縣監生劉祐萬撰，林縣後學李□忻書。

涉縣任君□施銀壹兩，魏月廷施銀伍錢。男余□國、妻□氏，（子）登福、登榮；余□國、妻劉氏，（子）登朝、登科、登名；余昌隆、妻魏氏，（子）登士、登雲；余昌慶、妻石氏，（子）登魁。

管事：余冲吉施錢四百文，劉凌雲施錢肆佰文，□得銀十七肆佰文。

雍正九年五月初四日。

清（一）

流芳萬世

重修龍王廟碑記

224. 重修龍王廟碑記

立石年代：清雍正十年（1732年）

原石尺寸：高93厘米，寬42厘米

石存地點：新鄉市輝縣市沙窰鄉井郊村觀音堂

〔碑額〕：流芳萬世

重修龍王廟碑記

嘗聞被德□□聖沐化者頌神。如吾鄉龍王尊神，雨暘時若，甘霖沛澤，其祐兹一方，而四方罔不均沾其福惠者多。□神之爲靈，何昭昭也哉！本村舊有其廟爲基，於堂之西，自昔清初以迄今，兹數十餘年，未免風雨損壞，金軀失色。予也□游於斯，瞻望咨嗟，满目凄惨。有□□□□感激而□也。是歲之春，予約同衆信士各捐資財，竭誠修建，屈指經營之始，迄今落成之日，不數月而廟貌輝煌，神像改觀。俱於維新之象，衆曰：此乎古之盛舉也，可以爲文矣。予曰：地□大□□必非繁文焉，然而功程告竣，衆善益著，是序其由，勒碑刻銘，以遺後世，不朽云尔。是爲記。

庄主生員李鳳翔，會首王福，男進朝、進礼。副首：刘得山、王三禄、刘得水、張国興、張万才、原云成、王起貴。

□匠王起漢，石匠和良鳴，泥水匠王見□。

龍飛雍正十年歲次壬子無射月二十五日。

225-1. 重修禹王廟碑記（碑陽）

立石年代：清雍正十三年（1735年）

原石尺寸：高113厘米，寬57厘米

石存地點：洛陽市洛寧縣長水鎮龍頭山

〔碑額〕：大清

重修禹王廟碑記

尝讀《虞書》及《禹謨》《禹貢》諸篇，粵自玄圭受錫，而知夏王神禹之明德遠矣。遡治績者，僉以其先職任司空，欲起民於昏墊，八年勞心，隨山刊木，決九河，距四海，克勤于邦，克儉于家，使後世人人永享安瀾之福者，皆夏王神禹之德賜也。天錫洪範九疇，畀以治天下之大法，而彝倫攸叙，洛書之呈瑞，終陟后位，豈偶然哉。前人稔之久矣，建廟設祀于邑郡之西，坐北面南，尊躋龍頭，鎮壓洛水。而玉皇玄帝又層級其頂，而五岳名神又會序其後，總以發洪範九疇之源，衍洛書呈瑞之數，凡云告治水之成功也。但歷年多所，廟宇頹圮，山左諸君眺訪古迹，忽焉共發虔心，重而修之，雖非出資己囊，而庀材，而鳩工，而日省月試，孜孜不懈，竟襄觀厥成焉，可不謂甚盛事哉。既竣之後一年，又刊石以誌不朽。

邑庠生嶻嶰金下張希祚撰并書。

功德主：刘尔壯、刘绅、刘鋭、刘敏、刘廷化、趙崇位、王振呂。

雍正十三年後四月初四日吉辰立。

225-2. 重修禹王廟碑記（碑陰）

立石年代：清雍正十三年（1735 年）
原石尺寸：高 113 厘米，寬 57 厘米
石存地點：洛陽市洛寧縣長水鎮龍頭山

計開：賣本山柏樹銀共七十六兩五錢整。買樹木橡板使銀八兩八錢五分，買磚瓦使銀九兩二錢九分，泥水匠使銀四兩三錢，土工使銀七兩二錢，各行轉脚使銀三兩七錢八分，買各樣顏色紙張使錢五兩五錢，買石灰使銀二兩五錢，買器皿鐵釘使銀一兩六錢，神像開光使四兩九錢，木匠使銀二兩二錢二分，塑畫匠使銀七兩七錢，各行匠作并用吃食費銀一十五兩八錢，立碑費銀三兩四錢。

龍頭山相接奧萊山，名爲八景：夜雨洒、星斗朗、柏蒿森、崖廟層。又：金匣玉洞、洛水深淵、聖王作則、龍馬出現。

住持趙一溫，徒黑陽貴，王范。木匠楊現。李村泥水匠趙崇貴。土工賀天壁、李祥。山西降［絳］州畫匠南日俊。山西稷山縣石匠楊銀斗。

226. 詳允永興中泗兩河碑記

立石年代：清雍正十三年（1735 年）

原石尺寸：高 184 厘米，寬 71 厘米

石存地點：焦作市沁陽市博物館

〔碑額〕：詳允永興中泗兩河碑記

□□□内縣爲十七年之□□□□百世之恩□永賴，懇乞轉詳立案，勒石以垂永久事。雍正十二年六月二十三日蒙□□□堂加三級紀録二次陳牌；雍正十二年六月二十日蒙河南等處承宣布政使司布政使紀録四次盧票；雍正十二年六月十一日蒙□□河南山東等處地方軍務督理營田兼理河道兵部右侍郎兼都察院右副都御史兼管河南巡撫印務加二級紀録八次王批：河内縣詳據北金村永興河利户武克賢、馬道遠等呈前事。呈稱賢等，永興河乃丹河水，而六□□□□非□河也，順治年間河□□□□□一道，引水入河。至康熙五十七年下□絶流。随疏浚上口，使水乃被中泗河丁致竟等在趙元地内別挑一口，將永興之水截歸中泗，以致……不沾，控府控縣，經今一十七年，含冤莫訴，一□□□民瘼，不憚勞瘁，親詣北金村斷河上……去高堰使水利均沾。俟秋後建設□□以杜强占。復蒙本府太老爺親詣河源驗看，諭兩河均平使水，不許争執。俾永興河五千餘畝之利地，□焦土爲沃壤，起枯槁爲潤澤，飲和食德實感仁慈。惟慮本□陞任後，中泗之民强悍性成，復行霸占。則賢等之利地乃爲涸□，不得不匍匐上呈，懇祈詳明立案……恩重奕世矣。等情至縣。據此□□職查看得北金村永興河一道，自大丹河引水由九道堰下至北金村。迨順治十四年，河口冲決，遂於沙灘園村東另開一口，歷數十年滄桑更易，河行別道，沙灘園之水口壅塞斷流。康熙五十七年該居民於白龍王廟西□□則臨中泗河，而中泗之民以爲分其水勢，恃强杜塞，歷今一十七年，雖控告時聞，莫之剖斷。卑職遵……水利，爰親詣查勘，悉心相□□□□其高堰道□泉流，祇以□□西段□□□□捐資建閘，以資灌溉。復蒙本府親臨勘明，平分水利在案。兹據□□詳二案，勒石以垂永久。前未擬合，據情轉請，仰□憲臺俯賜批飭勒石，庶小民有均沾之利，豪强無霸占之虞……當與丹、沁河流同其悠遠矣等情。蒙批：仰布政司……督部院批示飭遵，仍録報備案繳等因。蒙此。同日蒙總督河南山東等處地方軍務督理營田兼理河道兵部右侍郎兼都察院右副都御史加二級紀録八次王批：既據該府勘明平分水利，永杜争端，如□勒石，以垂□遠，如嗣後再有□□霸占，許訟坐事，該府縣即行通詳嚴拿，究擬治罪。仰南布政司轉飭……撫部院衙門批示繳等因到司，牌行到府，轉行到縣，遵照聞。又蒙本府牌蒙特授河南等處承宣布政使司布政使紀録四次盧批：毀堰建閘以分水利，固屬均平，但未據取送永興東西兩河利户，遵依未便，遂批□□□懷慶府□□依妥議詳奪，毋……督、撫部院批示繳。又蒙本府牌，蒙河南布政使參政分守彰衛懷三府兼管河北河務水利兵備道□□級紀録□□孔批：仰懷慶府□勘……院司批示繳等因，各□飭到府□縣，正在勒石，呈送碑摹，聞於雍正十二年八月十五日蒙本府牌，蒙……據寶經趙懷貴爲叩陳水利□□詳查事，具稟蒙批：仰懷慶府秉公查勘，詳報碑文，并發……蒙本府批：據趙元强開民田、賠

糧難支事具稟，中泗河堰長唐定邦等，蒙批：仰河內縣確查報。又於九月十一日蒙本府牌，蒙陞任布政使司盧批□□□印龍、王佐等爲籲憲提訊等事稟詞，蒙批：仰懷慶府作速勘訊明確，□□議詳報，不得轉發□□因到縣蒙批：該接任知縣吳復加確勘，詳□□□，親詣該處，傳……上下一一驗視，又細者□□查閱卷宗，悉心詳□。永興、中泗河口相去非……發碑摹，有“萬曆年間一張，內開永興據上流，下清據下流”等語，是萬寶六渠其爲二下清、三永興、四中泗。今日之永興即昔日之廣斷，又無异疑矣。如謂永興水口次居第□，□與下清相隔□□，何以謂永興□泗流而□□居上流乎？當日永興以□□□下清爭水□□經等亦不能再措一詞矣。竊念水利固應普被均沾，不容豪强占據，但灌溉□宜咸使□盈，不使兩有缺之。卑職查其所以必爭之由，總因承源之區河身變窄，分流之所界□□不清。卑職親□□源查訊得實，遂捐資疏□□河之水匯歸□□□流河□閘……復於永興、中泗兩河收水河口各建閘爲其放水，閘孔高寬相等。又自河口起至分流之處中築□□一道，計長七十一丈，使受水之口即支分□行，直貫注於分水石閘之下水……河□堰……并下清利户堰長各具遵依……請至寶經等捏情越控，應請重責以儆刁風。其趙元所控疏河占地，原無憑據，審無□□情事，工書□□□并無朦蔽情事，均請□擬。至於一切府縣舊卷年久繁雜，請免全禄合并……查事理是否允洽……同取□□□一併申送□，蒙本府陳據詳核轉內開勘得：河內縣民寶經等控爭水利一案，緣該縣大丹河西有萬寶河一道，支分二渠，□□系一上清，二下清，三永濟，四中泗，五康濟，六秘澗。□今……廣斷原與中泗相□，祇因順治十四年間丹水漲□廣斷之口被水冲壞，不能□流□於沙灘園村東南捐買地畝，另開一口，更名“永興”。迨康熙五十七年，永興之口被响沙壅塞，水復斷流。永興利户仍在廣斷舊口疏浚取水，而中泗利户以爲分其水利□次控焉，經前府方□□令立閘平分，永興、中泗已各分其水。迨方□陞任後，中泗之民復起告□。前□□明原委，輒令永興之民仍赴沙灘園村南開浚取水，而前縣戴令復捏稱水已暢流，詳府批結，以致永興利户抱屈多年。本年五月內前縣程令……明此渠被中泗□占，永興……卑府隨親往勘驗，仍令照前府方守所斷，將水立閘平分，併□程□□□□依申送在案，令中泗利户寶經等輒稱此水不應分給永興，與趙印龍等先後架詞赴陞憲具控，奉批勘詳。卑府隨行新任吳令遵照……勘斷，前□已令中泗、永興均分其水，又恐均分後此水或有不敷，以致再啓爭端，該令復捐資疏引磨河之水匯歸□□□開挖深□，於中泗、永興兩河受水河口各建閘座。又自河口起至分流之處中築石墙一道以分界限，而兩處利户堰長亦皆歡□心服。又有……仍請勒石以垂永久，併將架詞捏轉……具詳，前未查所爭之水既據該縣捐資疏浚，建閘……其半，而中泗利户與永興利户又俱允服，取有各遵依，申送在案，無庸置議，仍應飭縣勒石以垂永久。至水利□爲均沾，乃中泗利户寶經等既將此水爭……又敢抗斷捏控於後，刁誑已極。寶經、趙懷貴、趙印龍、王佐均□□，本應重律杖八十，折責三□□□，餘據該縣訊，系無干相應省釋。是否允協，合將該縣送到河圖，遵依一併詳送憲臺核奪。此示轉申等因詳□□河南布政司事湖北提刑按察使司按察使、在任守制白批：如□縣飭勒石以垂永久，將寶經、趙懷貴、趙印龍、王佐各責三十板示儆，并將雍正九年前府縣混斷之□□□□仍取新勒碑文呈□以□□□至□□混控之趙元是否有因該……即行省釋。繳等因到司行府轉行到縣，蒙此除逐一遵照外，所有閘座建設完固。奉批：前因合行勒石永遵，爲此仰永興、中泗兩河居民人等知悉，嗣後永遠遵□，平分水利，毋再倚强霸占，許以生事……詳究擬，自貽後悔，禀□勿忽須□碑……

署河内縣事温縣正堂加二級、紀録三次□心鍇勒石。

雍正十三年五月。

227. 祈雨靈感碑記

立石年代：清乾隆二年（1737年）

原石尺寸：高40厘米，寬32厘米

石存地點：安陽市林州市任村鎮豹臺村白龍廟

祈雨靈感碑記

邑北離城四十里餘許，有村曰燕科，于乾隆二年時至六月，大旱已甚，苗槁在地，民不堪命。忽本村善人雷喜陽、趙興有二君目睹心傷，會眾公議，各發虔心，敬取青、白洞中神水，浴手焚香，朝夕叩拜，祈禱雨澤，可見人有善心，天必從之。未幾而油然作雲，甘霖大沛，三日不止，起視南畝，苗槁復蘇，人皆欣然，愧無以報，情願每年六月十五進供。猶恐歷久遺忘，故刻寸石爲證，永傳二龍威靈無既耳。

撰书：陳發。

社首：雷喜陽、趙興有。水官：李金春、趙立達、雷增宝、雷增隆。

石匠：常希印、付元禄。

時乾隆貳年歲次丁巳八月初一日立。

千秋不朽

重修白龍廟碑記

閒世何善行善為籌行善凡修葺廟莫非善林地方

白龍王廟不知建創何時世遠年湮風雨損壞人之切慕雕之尝閣、懷故

永傳余民云是菑生民最重

大清乾隆歲次丁巳季冬吉日

功德主
王龍昌于盡忠

張其震孝文花

228. 重修白龍廟碑記

立石年代：清乾隆二年（1737年）
原石尺寸：高122.5厘米，寬49厘米
石存地點：洛陽市伊川縣呂店鎮後莊村白雀寺

〔碑額〕：千秋不朽

重修白龍廟碑記

問世何善行善，爲善行善。何善爲善，凡修寺蓋廟，莫非善？本地方白龍王廟，不知建創何時，世遠年湮，風雨損壞，人人切黍離之□，個個懷故址之悲。本村張其睿、王胤昌同衆協力，起而重修之，心不憚煩，身不憚勞，以致廟貌改觀，神容如舊。各被雨暘之澤，家蒙樂利之休，真所謂一方保障，一路福星者也。非二君之善，尚何善耶。余無以爲詞，特銘其善、誌其盛，永傳不泯云。是爲記。

邑庠生員張玉敬撰并書。

功德主：張其睿、子天花，王胤昌、子盡忠。

盧孟元銀二兩。盧孟成銀二兩。張問學銀一兩五錢。朱璉銀五錢。盧生秀銀四錢。魏養蒙銀五錢。張文秀銀三錢。魏定官銀二錢。王九業銀三錢。党守成銀二錢。梁三白銀一錢五分。史耿直銀一錢。張學曾銀一錢。張學智銀一錢。盧景林銀一錢。刘從寶銀一錢。林□奉銀一錢。張林銀一錢。張然銀一錢。王孝銀一錢。魏眷升銀五分。王玉洪銀五分。馮時化銀五分。李鳳鳴銀五分。党業隆一錢。党從恭一錢。何□振一錢。芦德昌樹一科。宋璉、刘從寶施樹一科。芦珮鳴一錢。王富一錢。

陰陽官：尹辰。木匠：高玉蓮。塑匠：王甫成。石匠張如武銀二錢。

官地一段共十八畝，東至魏□松，西至刘際太，南至芦佩鳴，北至垎齐。

大清乾隆歲次丁巳季冬吉日同立。

清（一）

553

碑記

青白二龍靈感碑記

邑北離城五十餘里有街曰燕科于乾隆二年六

月大旱合莊奉請二龍祈禱有應焉至秋選擇良辰

送回洞至日本村趙加朝忽然傷身命在頃刻

其妻無奈神前禱告保佑復蘚情頗進碑以表感

光送田洞至日本村趙加朝忽然傷身命在傾刻

誠心神必後之末几而必省人非神

聖萬歲泉毛人有

沿至數日不愈身體漸愈雖曰有命爲要非神

之默佑昌兒此今謹進碑立洞以傳不朽云

昔乾隆三年六月十五日立 進碑人趙加朝妻付氏

陳發撰書 趙典福

石匠趙加發

229. 青白二龍靈感碑記

立石年代：清乾隆三年（1738 年）

原石尺寸：高 61 厘米，寬 35 厘米

石存地點：安陽市林州市任村鎮豹臺村白龍廟

〔碑額〕：碑記

青白二龍靈感碑記

邑北離城五十餘里有村曰燕科。于乾隆二年六月大旱，合村恭請二龍，祈禱有應，至秋選擇良辰光送回洞。至日，本村趙加朝忽然傷身，命在傾刻，其妻無奈，神前禱告，保佑復蘇，情願進碑，以表感靈，萬載可見，人有誠心，神必從之。未几而少省合，沿至數日，不覺身体漸愈。雖曰有命存焉，要非神之默佑，曷克此？今逢聖誕，進碑立洞，以傳不朽云。

陳發撰。書丹人趙興福。

石匠趙加發。進碑人趙加朝、妻付氏。

時乾隆三年六月十五日立。

230. 大王老爺聖會演戲三年圓滿勒石碑記

立石年代：清乾隆四年（1739 年）

原石尺寸：高 190 厘米，寬 72 厘米

石存地點：新鄉市原陽縣城關鎮祖師廟村祖師廟

〔碑額〕：萬古流芳

大王老爺聖會演戲三年圓滿勒石碑記

懷河營協防原武汛把總紀錄一次郝世德，揀選縣吏李素，會首毛素文，會首郭九思，會首李貴，會首彭法忠，會首吳顯才，會首吳顯祿、會首李顯鴻，會首婁繼文，生員毛素修，吏員胡天祿。□素心、賈志學、王甫、呂世成、李璧、郭守智、馮作仁、張則孔、呂大成、賀臣賢、胡蕭、胡元璞、胡天縱、胡天柱、胡天星、李芝蘭、李琳、李永亨、李相君、婁延天、婁天祥、杜繼宰、郭九成、吳顯榮、賀明、李斌、徐秉甫、郭九望、郭清、呂大全、胡天洞、當山縣人李興、張二屠。

住持楊陽發，徒李來素、張來紹。

石匠高治、王師秀。

乾隆肆年歲次己未菊月吉旦同立。

重修

三途山義應侯廟

下事莫為之前美而弗彰莫為之後雖盛而弗傳是可知靜後園
勅資者也即知三途山之神源因慶曆中軍賊張海焚廟不利而退逐
蒙安全裝年旱禱南有應按圖經于米梁關平三年置廟
入勅封義應侯至地而後重修教次因以便衙禱亦以安
馬年遠瓦南迤多今又一殿宇傾頹神像破壞一王京興等覺之咸增頹
丐既已資重欲募人緣以扶其傾頹修共破壞庶可以妥佑乎
神明傳面人之之美于弗泯矣

乾隆伍年仲秋旹甲申月　吉日

石匠高大奴
在直玉沫先
化主王家興
功德主王家成
張起務民四杂
泥匠朱子可文
宜星

231. 重修三塗山義應侯廟碑記

立石年代：清乾隆五年（1740年）

原石尺寸：高132厘米，寬60厘米

石存地點：洛陽市嵩縣何村鄉大岩口三塗山木門廟

重修三塗山義應侯廟

且天下事莫爲之前，雖美而弗彰；莫爲之後，雖盛而弗傳。是可知前後固□資者也。即如三塗山之神，原因慶曆中，軍賊張海禱廟不利而退，遂獲安全。是年旱，禱雨有應，按圖經于宋梁開平三年置廟，敕封義應侯。至此而後，重修數次，固以便祈禱，亦以妥神明也。但因山高年遠，風雨過多，今又殿宇傾頹，神像破壞。王永興等見之，咸增慨焉，既捐己資，更欲募人緣，以扶其傾頹，修其破壞。庶可以妥侑乎神明，而傳前人之美于弗泯矣。

功德主：張起務銀四錢，王永成。化主：王永興。石匠：高火炊，石匠：王法先。木泥匠：李可文。

乾隆伍年仲秋甲申月吉日立碑。

清（一）

232. 東馬村創建金龍四大王廟碑記

立石年代：清乾隆六年（1741年）

原石尺寸：高43厘米，寬71厘米

石存地點：焦作市溫縣趙堡鎮東馬村關帝廟

東馬村東南隅舊有龍王古路一條，南北通衢，歷來久矣。路東創建金龍四大王神廟一座，煥然維新，巍然可觀，一方勝概也。一爲補風脉之不足，一爲助生旺之有餘。且塞其水口而財源發達，鎮其巽宮而文星顯耀，可卜富貴無疆而永遠昌盛也。自立廟以來，風調雨順，五穀豐登，人口平安，家業興隆。抑且黃流南遷，得展耕作之事，不被水災，得慶收獲之休，是非默默中神明之保祐，安得至此也哉！第見游人遷客過於此者，莫不曰：斯廟也，可以稱大觀矣，所少者禮殿耳。於是，父老子弟聞之者，咸曰：客言是矣。無礼殿何以周旋得其所，無礼殿何以進退得其宜，無礼殿又何以展其升隆拜跪之礼，盡其犧牲祭祀之誠，洋洋乎如在其人也乎！是以社中商議，各捐資財，衆力易舉，創建礼殿一所，可謂完矣，可謂美矣。今日者厥工告成，足以見人心之急公向善，更可徵神力之灵應不爽爾。如不刊石，何以垂諸久遠？因命石工，永傳不朽云。

儒學生員侯戊子敬撰，張廷棟書丹。

買花地四畝五分，使銀三十六兩。東至薛文學，西至秦大經，南至秦玉，北至原家。

會首：原有本、原敬生、原性生、薛文炳、劉成章、朱甫、刑萬福、閆守禮、張雲漢、張雲甫、王者臣、喬王佐。

合社善人施工無數，如不刻石垂後，恐泯沒施工之善心。如盡刊石垂後，又恐數不勝數也，故統嘉之，曰：人口平安，家業興隆，非施工善心所致也。願施工善人勿以不詳記爲憾。

合社善人施車無窮，原以欲廟工之告成，豈欲其神力之灵祐，然人有敬神之心，神即有保護之意。生貴子，興家業，所必致矣。《易》曰：積善之家，必有餘慶。其即此施車之善人與。

管飯善人開列於後：原有本十工，原無本四工，閆守禮四工，薛文炳五工，張雲漢三工，原敬生三工。

本廟住持僧通悟。創建拜殿四楹，共使銀伍拾捌兩伍錢伍分。

木匠、泥水毛傑，古晋鐵筆王建華。

大清乾隆陸年歲次辛酉貳月初六日吉旦同立，謹誌。

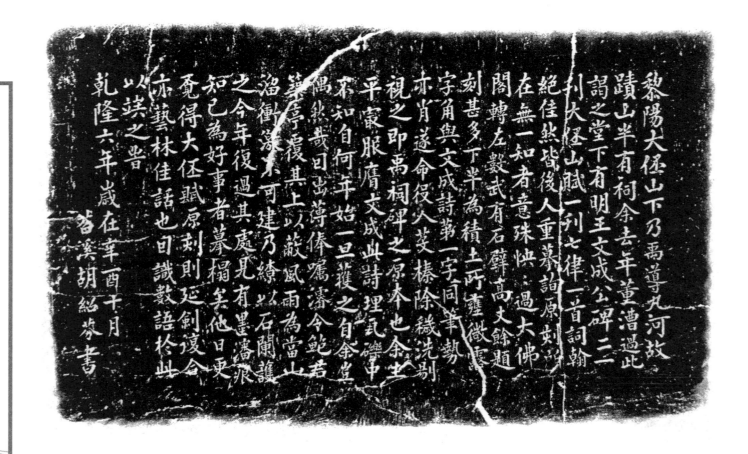

黎陽大伾山下乃導丸河故
蹟山半有祠余去年董漕過此
謁之堂下有明王文成公碑三
刻大伾山賦一列七律一首詞翰
絕佳欵皆後人重慕詞原刻以
在無一知者意殊快過大佛
閣轉左數武有石壁高丈餘題
刻甚多下半為積土所壅微露
字角與文成詩第一字同筆勢
視之即禹祠碑之原本也余生
平寰服膺文成此詩理亂瓦礫中
求知自何年始一旦護之余豈
偶然哉日岀薄偉瞻潘令鮑若
築亭覆其上以蔽風雨為當山
淄衝激水可建乃繢以石闌護
之今年復過其處見有墨瀋淋
知己為好事者摹搨其他日更
覓得大伾賦原刻則延夏令
亦藝林佳話也曰識數語於此
以俟之晉
乾隆六年歲在辛酉十月
洛溪胡紹煜書

233. 胡紹芬題記

立石年代：清乾隆六年（1741 年）
原石尺寸：高 106 厘米，寬 157 厘米
石存地點：鶴壁市浚縣大伾山天寧寺

　　黎陽大伾山下，乃禹導九河故迹，山半有祠，余去年董漕過此謁之。堂下有明王文成公碑二，一刊大伾山賦，一刊七律一首，詞翰絶佳，然皆後人重摹。詢原刻所在，無一知者，意殊怏怏。過大佛閣轉左數武，有石壁，高丈餘，題刻甚多。下半爲積土所壅，微露字角，與文成詩第一字同，筆勢亦肖，遂命役人芟榛除穢洗剔視之，即禹祠碑之原本也。余生平最服膺文成，此詩埋瓦礫中不知自何年始，一旦獲之自余，豈偶然哉？因出薄俸，囑浚令鮑君築亭覆其上，以蔽風雨。爲當山溜衝激，不可建，乃繚以石闌［欄］護之。今年復過其處，見有墨瀋痕，知已爲好事者摹拓矣。他日更覓得大伾賦原刻，則延劍復合，亦藝林佳話也。因識數語於此，以竢之時。

　　苕溪胡紹芬書。

　　時乾隆六年歲在辛酉十月。

清
（
一
）

563

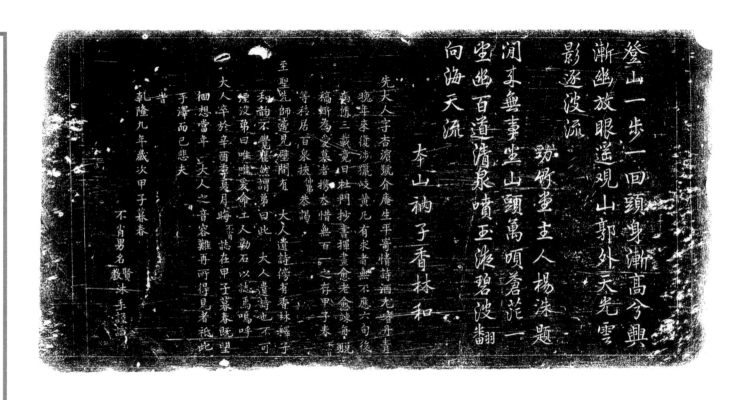

登山一步一回頭身漸高今興
漸幽放眼遙觀山郭外天光雲
影逐波流

劲弩堂主人楊洙題

涧　無事坐山頭萬頃蒼茫一
望幽百道清泉噴玉波碧波翻
向海天流

李山衲子香林和

先大人字吉賓號介庵生平嗜情詩酒尢善丹青
晚年來從涉獵岐黃凡有求者無不應六旬後
萬橋三載覺日杜門抄書揮晝愈老愈凍身既
稿斬為愛慕者攜去惜無百一之存甲子春
等孫居百泉挾儋恭謁
至聖先師遠見煙間有
大人遺詩儜者香林撣子
利韵不覺瞿然謂弟曰此
煙没弟日唯惟愛命工人勒石以誌焉鳴呼
大人卒於辛酉重夏月晦不肖誌在甲子暮春既望
細想當年大人之音容難再呵得見者祇此
于澤而已悲夫

昔
乾隆九年歲次甲子暮春

不肖男名教沐手謹誌

234. 楊洙等題百泉詩碑

立石年代：清乾隆九年（1744 年）

原石尺寸：高 39 厘米，寬 75 厘米

石存地點：新鄉市輝縣市百泉文廟

登山一步一回頭，身漸高兮興漸幽。放眼遥觀山郭外，天光雲影逐波流。

勁竹堂主人楊洙題。

閑來無事坐山頭，萬頃蒼茫一望幽。百道清泉噴玉液，碧波翻向海天流。

本山衲子香林和。

先大人字杏濱，號介庵，生平寄情詩酒，尤嗜丹青，晚年來復涉獵岐黄，凡有求者無不應。六旬後，病憊三載，竟日杜門抄書、揮畫，愈老愈竦。每脱稿，輒爲愛慕者携去，惜無百一之存。甲子春，不肖等移居百泉，挾仲弟恭謁至聖先師，適見壁間有大人遺詩，傍有香林釋子和韵，不覺瞿然。

謂弟曰：此大人遺詩也，不可湮没。弟曰唯唯。爰命工人勒石以誌焉。嗚呼！大人卒於辛酉季夏月晦，不肖志在甲子暮春既望。徊想當年大人之音容，難再所得見者，祗此手澤而已，悲夫！

時乾隆九年歲次甲子暮春，不肖男名賢、名教沐手謹識。

清（一）

碑記

任村集

曾思人頼神以庇神借人以揚
況我

蒼龍老爺施雪霖而普潤焦槁荷
德澤而恩及卷初其有功於其
社沾恩欲其一石以揚神休
土者誠非淺鮮今者萬人感德食
增廣生員原冠伍書斗

陰陽生陳奇文
桑従等陳奪

乾隆二十年九月日社首 桑従等陳奪德
水官張雲斗 高進成張大伏石匠張奇卩
張裕現陳奪秀程守英 張大伏石匠
果茂生付永先買辦

235. 感德碑記

立石年代：清乾隆十年（1745 年）

原石尺寸：高 62 厘米，寬 40 厘米

石存地點：安陽市林州市姚村鎮水河村蒼龍廟

〔碑額〕：碑記　　　任村集

嘗思人賴神以庇，神借人以揚。況我蒼龍老爺施甘霖而普潤焦枯，布德澤而恩及老幼。其有功於斯土者，誠非淺鮮。今者萬人感德，合社沾恩，敬具一石，以揚神休。

陰陽生：桑從選、陳尚義。

增廣生員原冠伍書丹。

乾隆十年九月日。

社首：桑從奇、陳奪德、高進成、張九伏。

獻水官：張裕現、陳奪秀、程守英、張云斗、栗茂生、付永太。

買辦：王中和、閆彥秀。石匠：張奇部、張惠。

清（一）

劇脩

龍神廟
從來有功德於民者立廟祀之此人情所願今吾邑之
龍神廟其雨時行化及萬物井霖大沛澤被群黎是其
一年目間也鳴于邠此離城二十里許村名馬棘山
龍神廟村眾慨然有立廟之思神與謀此
神之恩深理宜建廟又且村東地勢頗險立龍
明□剛補風脈豈係金粗由是入而視之一此觀也
君烏波事各擔募此是共推牛劇二君
成於乾隆半
共使水直二十三千七百四
鄭中倫書丹崔君看奉刻諸珉
社首劉法云
掌王
崔法莊

乾隆拾壹年貳月

崔君全建
崔君亮保
崔君德法
崔君榮忠
崔君正懷
崔君朋德
崔君才

236. 創修龍神廟碑

立石年代：清乾隆十一年（1746年）

原石尺寸：高90厘米，寬53厘米

石存地點：安陽市林州市河順鎮馬家山村龍王廟

〔碑額〕：創修

龍神廟

從來有功德於民者，立廟祀之，此人情之所願，今昔之所同也。□龍神其雨時行，化及萬物，甘霖大沛，澤被群黎，是其功德彰彰，在人耳目間也。烏乎不報。今邑北離城二十里許，村名馬棘山，□來□龍神廟，村衆慨然有立廟之思，相與謀曰：龍神生成之德□，滋潤之恩深，理宜建廟。又且村東地勢頗險，立龍神廟三□，一則敬神明，二則補風脉，豈不甚善？爰是共推牛、刘二君爲社首，委崔□二君爲收掌，各捐己資，募化十方，於乾隆七年經始，於乾隆八年落成，於乾隆九年塑像金妝。由是入而視之，煥然維新，光彩炫目。出而瞻焉，竹苞松茂，鳥革翬飛，此誠村東之一壯觀也。雖然，創於前者，必望繼於後，繼於後者，恒賴創於前，是不得不立石刻名，以垂不朽云。

後學鄭中權撰文，後學鄭中倫書丹。

共使錢一百二十三千七十四。

社首：牛□洪、子萬保，劉法云、子銀成。收掌：崔輝、子居來，王悦、子志理、志文，刘法旺、子刘軒武。崔居美、崔居奉、刘運、刘法旺、方千敬、崔中、崔富、刘才、刘法富、刘法田、刘法順、劉璧、崔居士、崔居德、崔居富、牛□、崔資、崔懷、崔正、崔德、崔榜、崔朋、崔居京、崔居法、崔居保、崔亮、崔建、牛全、崔□、崔秋、崔士、崔門郭氏、崔志、崔居□、崔同、牛資、王才、李福、曹金龍、李文忠、曹金奉、牛成全、牛□、李文□、崔□、崔棟、牛成□、崔玉□、崔直、崔居成、崔運、崔□、牛成章、牛成玉、崔居學、郭興榮、牛門曹氏、牛成銀。

乾隆拾壹年貳月立。

237. 嵩蘿山新開萬悅池碑記

立石年代：清乾隆十二年（1747 年）

原石尺寸：高 166 厘米，寬 61 厘米

石存地點：洛陽市偃師區府店鎮佛光村

〔碑額〕：皇清

嵩蘿山新開萬悅池碑記

《易》有云：悅萬物者，莫悅乎澤。降於天者，有雨露；流於地者，有江河。而江河所不及收聚雨露，成於人者，則有泉池。偃南嵩蘿名山也，山之巔玄帝祖師廟由來久矣。每逢旱虐，登山求雨，有禱即應。以故年年三月朔後，諸頂進香絡繹不絕。山高乏水，人咸惜之。族叔諱信生目睹心惻，遂潔治餚酌，恭請善士九人，各捐己財，共募四方，於山之陽□□一片石上開鑿一池，方丈餘，深六尺，昨載興工，至今告竣。山水涌注，淵淵不涸，清凉醴美，金蓮甘泉可同味焉。由是牧者慶，樵者歌，凡聚會此土式飲，庶幾無不鼓舞而稱羨。況水以山潴，山以水潤，時而興雲吐霧，沛降甘霖，由伊洛達河海，其所歡欣者，寧僅山之衆哉！名以"萬悅"，洵非誇也。竊嘗徘徊其間，則見夫層巒疊嶂，孤峰特立，嵩蘿之雄峙也。流其清矣，長河如帶者，伊洛之環繞也。而嵩少之壁立插天，緱邙之盤結鎮地，孰非與此一脉流通，互相掩映，鍾育千古哉！樂而傳者，又不以世計矣。是何可不誌之，以爲爲善者勸。

邑庠生翟允宏、萬有氏謹撰并書。

功德主：王生瑞、孫潮、許□信、宋應舉、翟信生、王玉、王嘉禄、郭永貴、孫可成、方傳……

乾隆十二年四月吉旦立。